四川大学始于1896年

四川大学近现代建筑

THE MODERN ARCHITECTURE OF SICHUAN UNIVERSITY

序言

　　岷峨挺秀，锦水含章，巍巍学府，德渥群芳。2016年9月，四川大学将迎来120周年华诞。东汉末年文翁兴学的壮举在120年前重新点燃了学子寻梦的星火。120年来，一代代川大人栉风沐雨，以热血和丹心，谱写了四川大学不断前行的壮丽诗篇。

　　在历史悠久的四川大学，一栋栋宏伟精美的建筑，如同散落的耀眼明珠，熠熠生辉。它们既有中国传统建筑的内敛舒展，又融入了西式建筑的厚重挺拔，集雄浑和灵动于一体，熔雄健与秀美于一炉，凝聚了中西合璧的独特魅力。多少名人雅士曾为它们驻足停留，多少风华英才曾在其中切磋交流。这批优秀的近现代建筑，在岁月洗礼中历久弥新，是四川地区高等教育发展的时代缩影，是20世纪前半叶西南地区最早系统接受西方近代科学教育的历史产物，更是抗战时期成都乃至四川作为大后方教育中心的直接见证。

　　作为四川大学120周年校庆的献礼工程之一，《四川大学近现代建筑》的出版不仅可以回味建筑之中的历史积淀，更得以赏析百年名校的建筑美学。绿树掩映的望江，仿佛时代交响的鼓乐齐鸣；雕梁画栋的华西，宛如诗意盎然的风琴雅韵；大气现代的江安，犹如阳光照耀的开拓足音。四川大学近现代建筑沉淀了沧桑的岁月，更通往光明的未来。高超的建筑技艺使得它们如今仍保存完好，在与时俱进中不断创造新的辉煌。错落有致、闲适大度、开放包容，不仅是这批优秀近现代建筑的特色，更代表了四川大学优良的学术精神与治学风尚。

　　兴学双甲子，书香百春秋。在新的历史起点上，四川大学如同一艘远行的航船，云帆直挂，劈波斩浪。古老的建筑走过浩瀚历史，见证巨变沧桑；崭新的校园楼宇林立，更见旖旎风光。在四川大学建设世界一流大学的新征程中，梦想与激情，追求与奋斗，希望与汗水，耕耘与守望，必将奏响前进的铿锵号角，演绎光荣灿烂的盛世华章。

四川大学校长、中国工程院院士　

川大

印象

四川大学近现代·

建

筑

BUILDING

传承

INHERITED

经过岁月的洗礼，
在时代的惊涛骇浪之中，建筑本身从容不迫的传承。

四 川 大 学 近 现 代

建

BUILDING

筑

前言

历史文化名城——成都有着悠久的历史积淀和优良的兴学传统。近代以来,成都地区的教育建筑沿着两条不同的轨迹发展,一是国人自办的成都本土教育建筑,其发展轨迹是由最初对传统建筑的沿袭与改造,而后逐步发展到对于西方先进教育建筑类型的接纳和吸收的过程;二是近代西方教会势力由沿海地区西进而来,其兴办的教会学校为成都带来了新的教育建筑类型,这一类教育建筑的发展是逐渐吸收本地建筑符号、元素,试图与本地建筑风格相融合的过程。四川大学历经以上两种发展轨迹,是西南地区乃至中国内陆地区近现代教育发展的缩影,其留存的近现代建筑是最好的历史见证。

经过四川大学建筑与环境学院老师和同学多年的不懈努力,在校领导的指导和帮助下,四川大学近现代建筑的调研测绘工作得以顺利开展并取得了较大突破。为了使多年的实际工作转化为科研成果,总结并积累经验,满足海内外莘莘学子、校友的热切期盼,让大家了解、欣赏和热爱四川大学丰富的文化遗产,同时也作为四川大学120周年校庆的献礼工程之一,我们将成果内容编辑出版了《四川大学近现代建筑》一书,目的在于承载时代记忆、弘扬优秀传统、传承历史文化,进一步推进四川大学优秀近现代建筑的保护与展示工作。

《四川大学近现代建筑》一书反映了四川大学优秀近现代建筑的方方面面,其中大多是未曾正式公开的科研成果,既有包括文物现状、历史沿革和价值评估的调研报告,又有建筑今夕照片的对比,还有完整、系统的测绘图纸,专题研究丰富,特色新颖鲜明,具有较强的可读性、欣赏性和资料性。

将四川大学校内优秀的近现代建筑进行全面整理,具有以下三层意义。

首先,四川大学近现代建筑集中体现了20世纪四川地区高等教育发展全过程,是众多著名历史人物活动过的重要场所,具有厚重的历史价值。

其次,四川大学近现代建筑反映了中西哲学思想的交融,是四川地区最具有中西合璧特色的城市标志性建筑,具有极高的文化艺术价值。

最后,四川大学近现代建筑的历史可追溯至20世纪初,历经百年风雨乃至地震,建筑依旧保存完好并仍在使用,实属不易。已有不少相关人士对其进行调查研究,但成果零散且内容不够翔实,而四川大学也缺少一本校内优秀历史建筑的完整收录,此书将弥补空白。

CONTENTS
目录

四川大学近现代建筑

THE MODERN ARCHITECTURE OF SICHUAN UNIVERSITY

四川大学

第一章

综　述

综述

四川大学

自古以来，成都平原就有"天府之国"的美誉，1896年，四川大学就诞生在这片山川雄秀、人杰地灵、民殷物阜的大地上。承文翁之教，继蜀学渊源，熔中西一炉，成大家风范，四川大学谱写了中国现代大学继承与创新并进、梦想与荣耀交织的炫彩华章。

海纳百川，有容乃大；壁立千仞，无欲则刚。

四川大学历史文脉源远流长，其悠久连续的办学历史和较为安定的环境氛围使得校园内保留了一批优秀近现代建筑，主要分布在望江校区和华西校区。四川大学望江校区位于成都市一环路南一段24号，为四川大学本部，占地3000多亩，有东南西北四个大门，望江校区囊括了原四川大学、原成都科学技术大学校区范围。四川大学华西校区位于成都市人民南路三段17号，占地约1000亩，华西校区范围包括原华西协合大学校区。

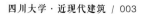

历史沿革

四川大学由原四川大学、成都科学技术大学和华西医科大学三所国家重点大学合并组建而成，是教育部直属的全国重点大学。原四川大学肇始于三所著名书院学堂，是西南地区最早的近代高等学校；成都科学技术大学发端于1954年建立的成都工学院，是新中国院系调整时组建的第一批多科型工科院校；华西医科大学发源于1910年成立的华西协合大学，是西南地区最早的西式大学和中国最早培养研究生的大学之一。

原四川大学历史沿革

追根溯源，原四川大学沿袭自三所著名的书院学堂，即锦江书院、尊经书院以及四川中西学堂。

锦江书院：锦江书院为清代康熙、雍正以来中国22家最著名的大书院之一，有"石室云霞思古梦，锦江风雨读书灯"的美誉。明清相交之时，四川教育已近衰退，各地书院趋于破败。康熙年间，清政府的统治日渐稳定，全国各地书院得以恢复重建。康熙四十三年（1704年），四川按察使刘德芳在文翁石室原址，即今天的成都市文庙前街，奉旨创办了锦江书院。锦江书院有一幅106字长联，全面展示了从文翁石室到锦江书院的发展历程："由汉晋唐宋元明，以迄于今，蚕丛西辟，棘路南通，想当年文翁居守，石室藏经，千百祀学校宏开，固知岷峨钟毓，世载其英，允矣光联井络；溯邹鲁濂洛关闽，相沿而后，鹿洞云封，鹅湖月冷，幸此地胥鼓悬堂，绛纱列帐，二三子弦歌不辍，惟参性道渊源，教惭无术，敢云远绍心传。"由此可见，四川大学的历史文脉可上溯至2000多年前的汉代。

尊经书院：作为原四川大学历史源头之一的尊经书院由清末四川学政张之洞与四川总督吴棠创办于光绪元年（1875年），书院以"通经致用"为主张，增设"声、光、电、化、格致之学"，领传统教育转型之先。尊经书院位于成都市南较场附近，因其为四川地区培养了不少优秀人才而成为蜀中的人文渊薮。特别是光绪初年丁宝桢督川后，礼聘海内名宿湘潭王闿运为书院山长，时以经术词章课诸生，循循善诱，来学者器识与文艺俱进，一时人才辈出，杰出者如井研廖平、富顺宋育仁、名山吴之英、合川张森楷、绵竹杨锐等。

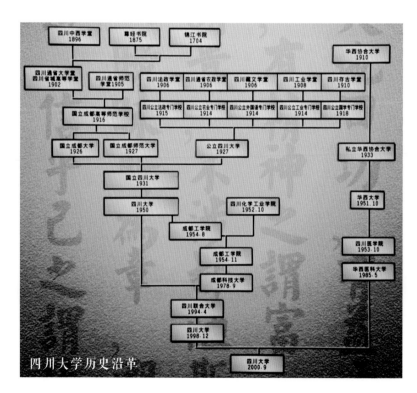

四川大学历史沿革

四川中西学堂：1894年，中日甲午战争爆发，中方一败涂地，朝野震动，俱感兴学救国刻不容缓。在这样的背景下，湖北自强学堂、天津中西学堂和上海南洋西学学堂相继诞生。四川总督卢传霖也奉光绪特旨和清廷总理各国事务衙门移文，于光绪二十二年五月初八（1896年6月18日）创办了四川中西学堂，以培养"通达时务之才"为目标，专业设置文理兼备，聘请英、法教习，"分课华文、西文、算学"，也引入了西方新式的班级授课制和赫尔巴特教学法体系。四川中西学堂是四川当时唯一的省级新式学堂，创办了6年时间，在全国产生了重要影响，由于办学有成，清廷军机处曾据光绪朱批，通报全国，专咨各省"择要仿行"。四川中西学堂是洋务运动在四川文化教育方面开启中西交流、学习近代科学知识的产物，是四川近代高等教育的开端，也是西南地区最早的近代高等学校。

光绪二十八年（1902年），清廷"废书院，兴学堂"，进行学制改革。同年3月，四川总督奎俊奉光绪"着即督饬认真举办，务收实效"朱批，将四川中西学堂与尊经书院、锦江书院合并为四川省大学堂，同年12月又奉诏改称四川省城高等学堂。经过1903年的癸卯学制改革，高等、专门和实业学堂体制逐步确立，四川通省师范学堂（1905年）、四川通省法政学堂（1906年）、四川通省农政学堂（1906年）、四川藏文学堂（1906年）、四川通省工业学堂（1908年）、四川存古学堂（1910年）等专门学堂应运而生。四川省城高等学堂与四川通省高等师范学堂于1916年合并为国立成都高等师范学校，这是四川大学冠名"国立"之始，并与其他五大国立高师：北京高师（北京师范大学前身）、南京高师（南京大学前身）、广东高师（中山大学前身）、武昌高师（武汉大学前身）和沈阳高师（东北大学前身）并列，独步中国西部，成为"五四时期"最有名的几所国立大学之一。

1922年以后，中国高等教育借鉴西方国家创办大学的模式，逐渐完善高校体制，改部分高等学校为大学。1926年，国民政府批准将部分国立成都高等师范学校独立成为国立成都大学，设文、理、法3个学院11个系，由张澜任校长，搬回南较场，余下的师范部于1927年成立国立成都师范大学。1927年，四川通省法政学堂、四川通省农政学堂等10所学堂合并为公立四川大学。当时成都的3所高校——国立成都大学、国立成都师范大学、公立四川大学各有特色，尤以张澜掌校的国立成都大学为甚。1931年，3所大学合并为国立四川大学，通过这次里程碑式的合并，国立四川大学成为当时国内最有名的13所国立大学之一。1950年，国立四川大学更名为四川大学。

成都科学技术大学历史沿革

1950年，在国立四川大学更名为四川大学后不久，西南军政委员会决定：在泸州川南工业专科学校及川南行署原址，设立四川化学工业学院。1952年11月17日，四川化学工业学院正式成立。作为西南地区新建的高等工科专门学院，四川化学工业学院由原四川大学、重庆大学、西南工专、川南工专、乐山技专、西昌技专、川北大学、西南农学院的化工系科和华西大学的制革组合并组建。在四川化学工业学院建院前，各合并学校都已开始全面向苏联学习先进教学经验，改革旧的教育体制。

1953年，在全国高等工业学校行政会议上，教育部决定将四川大学工学院和四川化学工业学院合并建立四川工学院。同年12月，西南高教局成立四川工学院建院筹备委员会，新建学院的院址选定在四川大学以西和工农速成中学以南的新桂乡地区，这里位于四川大学、四川医学院、四川音乐学院和当时正在修建中的西南民族学院之间，属于成都市城市建设规划的文化教育区中心地带。

1954年8月27日，四川大学工学院独立建校，命名为成都工学院。1954年12月，国家高教部决定，将四川化学工业学院迁至成都与成都工学院合并，学校名称仍为成都工学院。1955年8月27日，两校举行了隆重的合校庆典，并于1955年正式开学。

1978年，在标志着"科学春天"到来的全国科学大会上，成都工学院在科学大会奖励中排名全国理工类高校第9名。同年，成都工学院转归中国科学院领导，并更名为成都科学技术大学，成为全国重点大学。20世纪80年代，成都科学技术大学与同属中科院的浙江大学一起转归国家教委领导。

1994年，原四川大学与成都科学技术大学合并为四川联合大学，1998年更名为四川大学，校址合称四川大学望江校区。

华西协合大学历史沿革

19世纪中叶，西学东渐之风日盛，在"欧风美雨"之中，西方教育传入四川。中国人的主动应对和西学的灌输，使19世纪末20世纪初四川大地上教育事业蒸蒸日上。四川本土教育的长足发展，也促使基督教教育事业的迅速扩张。传教士逐渐改变了只注重中小学教育的做法，开始计划在成都地区创办基督教高等教育，"让我们创建一所大学来满足需要"，大学倡议者——美以美会的牧师、后来成为华西协合大学首任校长的毕启（Joseph Beech）博士和加拿大英美会的启尔德（Omar L. Kilborn）医生这样谈到："大学将建立在拥挤的成都城墙之外，那里有大量的空闲土地用于发展。它的课程将发展科学研究和实业教育、医学教育，甚至牙科和公共卫生学等。该大学将是超国籍的，将由各基督教差会合作组建这所大学。"

1910年，美国、英国、加拿大3国的5个基督教差会联合创办了私立华西协合大学，华西协合大学与上海的圣约翰大学、苏州的东吴大学、广州的岭南大学、北京的燕京大学等并列为全国13所教会大学。校园建设采用英国"牛津剑桥式""一切设备，均力求近代化"，创办了西南地区最早的现代医学专业，成为中国现代口腔医学发源地，也是中国最早的高等药学教育基地之一。由于华西协合大学的建立，成都人习惯称这片地区为"华西坝"。

20世纪20年代，反对帝国主义、收回教育主权的运动在全国各地展开，教会大学想在中国继续办下去，就得改变其性质，得到政府认可。1926年，英国军舰炮轰万县城，制造了"万县惨案"，引起全川民众的愤慨，大家一致停课停市，游行抗议。华西协合大学的学生积极参与，提出收回大学的教育主权，并组成学生退学团集体退学，造成学校无法正常教学，学校当局权衡利弊，接受了政府的条件。同年4月，张凌高被推举为华西协合大学副校长，经过7年努力，1933年9月，教育部行文"私立华西大学，应准予立案"，张凌高任校长，揭开了中国人执掌这所大学的新篇章。

抗日战争期间，南京中央大学医学院、金陵大学、金陵女子文理学院、济南齐鲁大学、苏州东吴大学生物系、北平燕京大学、协和医学院的部分师生及护士专科学校先后迁至成都。张凌高带领全校师生接纳内迁大学，收留流亡学生，使华西协合大学所在的华西坝成为保存、延续中国高等教育命脉的圣地之一。"坝上风流各路大师云集，莘莘学子如沐春风"，抗战时期中国大后方的教育文化中心有"三坝"：重庆沙坪坝、汉中鼓楼坝和成都华西坝，华西坝因地处天府之国首邑成都，环境优裕，故被誉为"天堂"。对于坝上风光，陈寅恪先生有诗赞曰："浅草方场广陌通，小渠高柳思无穷。雷奔乍过浮香雾，电笑微闻送远风。"

华西坝汇集了从沦陷区迁至此地的金陵大学、金陵女子文理学院、齐鲁大学、燕京大学，连同原本在此的华西协合大学，形成了名噪一时的华西坝"五大学"。华西坝一时云集了数千师生，由于教学设施有限，张凌高睿智地倡议各大学联合办学，充分利用教学资源，按师资的专长特点，统一安排分工，各校分别开课，教师可跨校讲课，学生亦可跨校选课上课，学校承认所读学分。其间建立了"五大学"的校长和各系各处的定期联席会议，研究教学、科研、校务等问题。联合办学时期，成都的医疗卫生、高等教育及华西协合大学本身，都有长足的发展。

抗战胜利后，金陵大学、金陵女子文理学院、齐鲁大学和燕京大学返迁原址，临行之前共同题写纪念碑："张校长凌高博士忠敌摧残我教育，奴化我青年，因驰书基督教各友校迁蓉，毋使弦歌中辍。其卓识宏谋，因已超出寻常，使人感激而景仰之矣。"

1951年10月，人民政府接办了华西协合大学，并改名为华西大学。1953年全国院系调整后，改名为四川医学院，1985年再次改名华西医科大学。2000年9月与四川大学合并，校址更名为四川大学华西校区。

四川大学近现代建筑列表

名　称	修建时间	文保级别
明德楼（四川大学第一行政楼）	1951—1954年	国保第七批（国发[2015] 13号）
化学馆	始建于1938年	
瑞文楼（望江校区东区第二教学楼）（四川大学国际儒学研究院楼）	20世纪50年代	
萃文楼（望江校区东区第四教学楼）（公共管理学院楼）	20世纪50年代	
校史展览馆	1937—1938年	
懋德堂（华西校区老图书馆）	1916—1926年	国保第七批（国发[2015] 13号）
怀德堂（华西校区行政楼）（事务所）	1915—1919年	国保第七批（国发[2015] 13号）
嘉德堂（华西校区第一教学楼）（生物楼）	建成于1924年	国保第七批（国发[2015] 13号）
懿德堂（华西校区第二教学楼）（苏道璞纪念堂）	1939—1941年	国保第七批（国发[2015] 13号）
合德堂（华西校区第四教学楼）（赫斐院）	1915—1920年	国保第七批（国发[2015] 13号）
育德堂（华西校区第五教学楼）（嘉弟伯教育学院）	1923—1928年建东侧1948年建西侧	国保第七批（国发[2015] 13号）
万德堂（华西校区第六教学楼）（明德学舍）	建成于1920年	国保第七批（国发[2015] 13号）
志德堂（华西校区第七教学楼）	建成于1915年	成都市第二批历史建筑
启德堂（华西校区第八教学楼）	始建于1928年1938年加建	
稚德堂（广益大学舍）	建成于1925年	
华西医院建筑群（行政楼、水塔楼、八角楼）（华西协合大学附属医院大楼）	1942—1946年	
华西钟楼（克里斯纪念楼）	始建于1925年1953年改建	国保第七批（国发[2015] 13号）
华西老校门	始建于1910年重建于2010年	

望江校区

望江校区建设活动

1935年1月，四川军阀混战结束，同年8月，国民政府任命著名化学家、中国科学社社长任鸿隽先生为国立四川大学校长。任鸿隽上任后首先进行了调查研究，然后发动教师和各级单位主管者，一同拟订了改建四川大学的宏伟计划，包括兴建图书馆、文学院、理学院、法学院、农学院、办公室、教室、实验室、大礼堂、宿舍、体育馆等，并着手筹备了建筑经费，聘请著名建筑师杨廷宝先生进行校园规划。

1937年之前，四川大学校舍主要集中在成都老皇城（今天府广场），还有一部分在南较场以及外东白塔寺，校舍分散并且年久颓败，虽整修过但仍破败不堪，这样的大学校舍远不能适应现代化大学的发展需要，也无法达到建设西南文化的目的。任鸿隽在很多公开场合都谈到了校舍的破败，并在报告中曾这样写道："川大校舍一部分在皇城贡院旧址，一部分在南较场旧址。所有建筑，多属三十年前旧物，而且屡经兵燹，残破不堪，其甚者至于不蔽风雨。"在《在国立四川大学全体学生欢迎校长会上的演讲》中，任校长也谈到四川大学校舍朽坏，给人的印象很不好。《大公报》记者张季鸾认为四川大学不及国内其他国立大学，连私立大学都赶不上。水利专家李仪社参观四川大学之后也评价四川大学校舍远不如陕西大学。

校舍改建迫在眉睫，对于校址的选择出台了很多方案，最主要有3种：一是认为应该保留皇城内的校址，翻新增建校舍；二是将校址迁往乐山；三是在成都城外新建校舍。

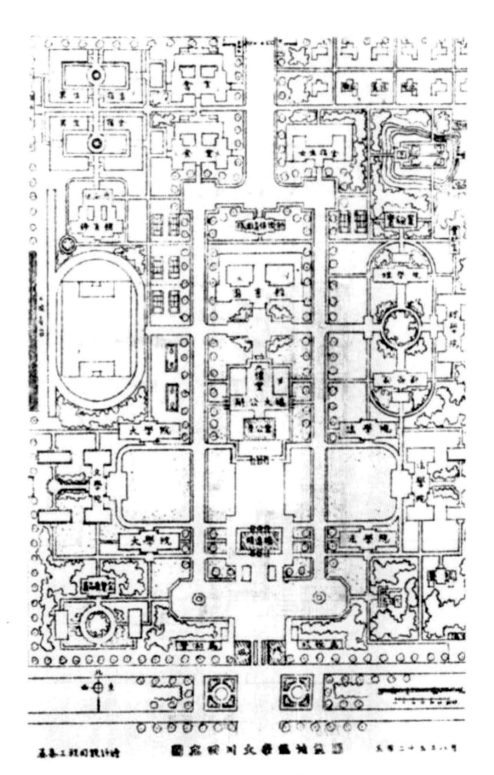

原国立四川大学皇城校区规划图

1936年，基泰工程司建筑师杨廷宝先生对校园进行了总体规划设计：校址总占地面积约25公顷，以原明蜀王府城南大门和原清贡院明远楼为主轴线布置大礼堂、图书馆、办公大楼以及教员俱乐部，沿主轴线两侧对称布置大学院和法学院；左右两边的次轴线与主轴线平行，左侧的次轴线上分别布置文学院、足球场和体育馆，右侧的次轴线上则布置理学院和实验室；生活区位于校园后半部，男、女生宿舍和食堂、教师住宅都安排于此。

由于受到皇城内用地范围以及资金短缺的严重限制，该方案并未能实现。同时国民政府希望通过四川大学新校址的建设来促进西南文化的发展，国民政府教育部认为将新校址确定在成都辖区范围内更好。于是，四川省政府对四川大学的迁址给出建议，政府收回极具商业价值的皇城校区，划拨望江楼附近圈地近两千亩作为交换，承诺帮助修建校区并给予经费补助。

新校址的建设得到了国民政府的大力支持，四川省政府先行划拨了500亩土地以便开始动工，其余部分在两个月内完成了手续。政府还负责修建环校马路及沿校一带的河堤，并保证在新校舍建成之前交付使用。由于学校搬迁费用巨大，政府补助工程经费66万元，先行资助11万元，余下部分在皇城校址的土地分期定价标卖后陆续补给。

有了土地与经费的支持，1937年6月16日，四川大学新校舍开始动工。建校初期的建筑多为砖木结构，且单项规模不大。1938年由基泰工程司建筑师杨廷宝先生设计的"三馆一舍"开始修建，"三馆一舍"即图书馆（现为四川大学校史展览馆）、数理馆、化学馆和学生宿舍，于1943年夏正式竣工，使四川大学校园面目焕然一新，尤以图书馆倍受人们推崇，成为校园中的标志性建筑。自此，国立四川大学正式迁出了清贡院，结束了校舍分散、用地狭隘、尘嚣包围的状况。

为了躲避日寇的轰炸，1939年6月学校南迁峨眉，新校址建设工作处于停顿状态，直到1943年3月迁回成都，学校校舍结束了四分五散的状况并开始了整体的集中建设。四川大学校址最后确定为：东起雷神庙至白药厂上河边，西至新村和培根火柴厂，南起白药厂，北至白塔寺农学院，学校面积合计2270亩。

20世纪30年代，四川大学在皇城校区时的校门。
校门的门楣上从右到左清晰地写着"国立四川大学"。

四川大学迁址锦江河畔的望江楼边，修建了四柱三开间牌坊式校门，
该校门面向锦江，即如今望江校区东门位置。

2011年复建完毕的四川大学校门，复刻搬迁望江后的老校门，
位于如今的四川大学望江校区正门——北门。

■ 望江校区近现代建筑

望江校区近现代建筑区位图

望江校区的校舍以东门至中正池及其延伸线为中轴线，以中正池为校园的中心，这是当年任鸿隽老校长规划的校园基本格局。1944年春，中正池刚疏凿而成，5月3日，时任国立四川大学校长黄季陆专门致函华西协合大学校长张凌高，因"贵校所属荷花池莲种极佳"请求赠送莲种，"藉培校景"，后改名为荷花池。经过几年的建设，到了1945年前后，"就在那诗意盎然的望江楼和令人追忆的涛笺香井的近旁，和那滔滔锦江的怀抱中，矗立了四五幢壮丽的宫殿式的洋楼，那便是被称为西南最高学府的国立四川大学的所在"。1947年，校长黄季陆也曾经自豪地称之为"社会化之西南学府"。

而后，四川大学蓬勃发展，不断地进行校园建设。20世纪50年代集中修建了一批建筑，如第二教学楼（瑞文楼）、第四教学楼（萃文楼），在成都工学院建校时期修建了第一教学楼（明德楼）等。20世纪60年代初建成理化大楼（致理楼）。"文化大革命"时期，四川大学的建设活动经过了一段停滞期，从20世纪80年代至今，陆续建造了很多现代教学大楼，形成如今四川大学望江校区之格局。

望江校区建筑风格特征

　　四川大学统一规划修建的第一组建筑群——"三馆一舍"，其整体建筑风格属于"中国固有式"，"中国固有式"建筑又分为"中国宫殿式"和"混合式"。"三馆一舍"应属于"中国宫殿式"建筑，其建筑特点是：注重平面布置的功能要求，一般选取现代建筑的平面组合形式，采用钢混结构或砖石承重的砖木混合结构，外观则尽量保留中国传统宫殿式样。

　　1938年修建的"三馆一舍"属于简化的"中国宫殿式"建筑，无论是在构件还是装饰上并不完全遵循清式营造法则，严格说起来，它们都属于"折衷主义"的作品。参与工程的张搏先生在《我的创作道路》中也谈道："30年代初期，杨师（即杨廷宝先生）担任了国民党的党史陈列馆和监察委员会两栋建筑的设计师，他比较完全彻底地以《清式营造则例》为蓝本，从屋顶、斗拱、墙身、柱廊到玉石栏杆、须弥座台基等，用现代材料和技术，创造了两座外形一致的中国传统清式建筑……其后杨师较多采取'折衷主义'的手法，但仍旧不忘用传统的装饰部件加以点缀……在成都的四川大学全部新校舍中，就是利用坡顶做成歇山形式，其他部分则加以适当简化。"

　　四川大学的"三馆一舍"从形式到内容无疑是结合得较为成功的，也是成都近现代本土教育类建筑作品中的精品。从杨廷宝先生的这4个作品中可以看出他不懈追求完美的风格，无论使用功能、技术手段、造价控制与艺术效果都十分得体，唯不足之处在于考虑建筑地域性方面较欠缺，没有结合川西地区地方传统建筑的风格。不过这也和当时的大环境有关，20世纪30年代的"中国固有式"建筑作品基本都是以北方官式建筑的"法式"为楷模，中国营造学社出版的《营造学社会刊》和《清式营造则例》为仿古建筑提供了基本统一的示范蓝本。

"三馆一舍"的图书馆旧照

"三馆一舍"的数理馆旧照

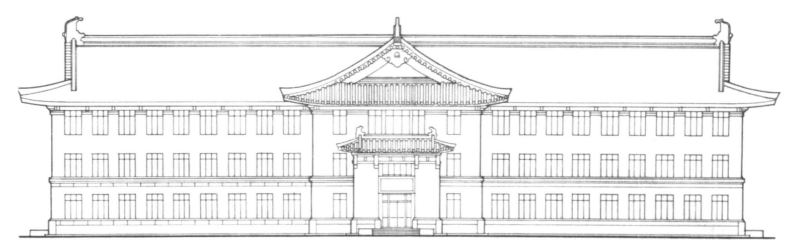

"三馆一舍"的数理馆立面图

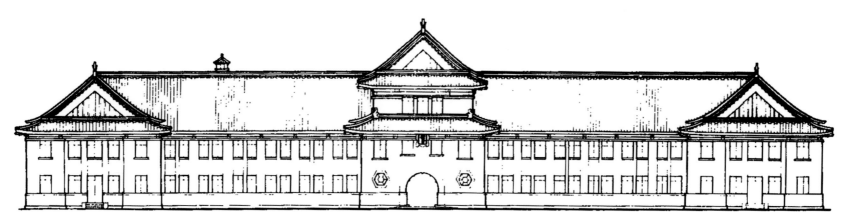

"三馆一舍"的学生宿舍立面图

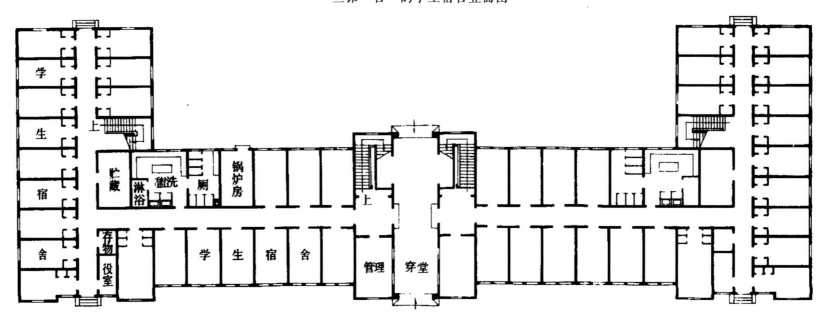

"三馆一舍"的学生宿舍平面图

"三馆一舍"尽管建成于20世纪30年代，但其对于四川大学整个校园建筑风格的影响却一直持续至今。四川大学作为一所仍处于蓬勃发展时期的综合性大学，多年来一直不断完善着校园建设，纵观其自近代以来不同时期建造的一些较大规模建筑，会惊异地发现一脉相承的痕迹竟是如此的清晰。20世纪50年代，四川大学在"三馆一舍"附近，沿原校园规划轴线集中修建了一批建筑，如第二教学楼（瑞文楼）、第四教学楼（萃文楼），红墙灰瓦，飞檐翘角，风格统一；成都工学院建校时期修建的第一教学楼（明德楼），在设计上也采用了由杨廷宝先生的"三馆一舍"建筑所确立的清代官式建筑风格。

20世纪50年代末，由大屋顶代表的"复古主义"受到批判，建筑开始全面简化。20世纪60年代初建成理化大楼（致理楼），尽管没有采用标志性大屋顶的建筑形式，但在门廊、檐口、腰线等建筑构件处理，以及建筑装饰上仍可清晰地看到对杨廷宝先生建筑手法的运用。20世纪80年代以后，四川大学校园建设兴盛，建筑风格纷呈，但很多建筑物都不约而同地表现出对前代建筑风格的尊重与继承，它们或在体量上，或在色彩上，或在符号上与早期校园建筑风格相呼应。由此可以看出，近代以杨廷宝先生为代表的中国第一代建筑师所秉持的将中国传统风格与现代功能结合的理念，至今仍有着极强的现实意义。

华西校区

华西校区建设活动

华西协合大学是由美国、英国、加拿大3国基督教会的5个差会，即最初参与的美以美会、浸礼会、英美会、公谊会和1918年加入的圣公会联合创办的，故称"协合（Union）"。前4个差会的负责人于1904年商谈并拟订了创办"华西协合大学（West China Union University）"的计划草案，并将这所拟办的基督教大学校址定在成都。1905年4月29日，华西各差会顾问部讨论通过了计划草案。同年11月，顾问部决定成立"华西协合大学临时管理部（Temporary Board of Management WCUU）"，负责筹建工作。

1905年，毕启、启尔德、陶维新等传教士先在城南购置了大约150亩地作为最初的校址。此地风景清幽，在古南台寺之西，距城仅二里许，北邻锦江，土地平旷，相传原为古代名苑"中园"旧址，园中梅花繁盛，被尊为"梅龙"。但传教士来此购地建校时，只剩下一片荒凉的旷野，由于毗邻锦江，还屡遭水涝侵扰，因此挖渠、修路和植树便是先要工作。在加拿大教会提前支付了第一张支票后，学校开始修建简易的临时建筑。

1910年3月11日，华西协合大学在只有三座泥木结构平房的临时性建筑物且没有任何铺张渲染的情形下，举行了开学典礼。开办时只设了文、理两科，共3间教室、2个实验室和1所图书馆，面积百余平方米。另外还有几栋两层楼的教师宿舍，以及与华西协合中学合用的广益中学学舍、明德中学学舍等，均为砖木结构建筑，办学条件较为简陋，校园也谈不上统一规划。

1911年，华西协合大学理事部改组为"校务委员会"，并在美国纽约举行了第一次会议，会上确定了第一批修建项目：办公楼、师范教学楼、化学楼、地理楼、图书馆、会议厅和水电楼，预计投资50万美元，其中15万美元用于扩充基地面积。由于四川民间的抗教运动引发连续不断的教案，而每次教案都有教会建筑物被捣毁，使教会势力受到沉重打击，因此，创办华西协合大学的传教士们决定采用中西合璧的建筑风格来修建这所教会大学，让其外观更容易被市民所接受、喜爱，既满足使用功能又便于教学。

1912年，华西协合大学创办者在美国、英国、加拿大等国专门举办了一次设计竞赛。同年11月18日，校务委员会挑选了英国建筑师弗烈特·荣杜易（Fred Rowntree）的设计，原因是"综合了中西方建筑最好的因素，其结果是中国人和西方人都喜欢的一种使整个大学校园更协调和一致的式样"。到了1913年，学校募集到一大笔资金，准备着手进行长久性的、大规模的规划和建筑设计。同年，荣杜易与其弟乔治·荣杜易（George Rowntree）受邀来到中国，他们先到北京考察了故宫等中国传统古典建筑，再到成都对川西一带地方建筑进行了调研。入川路上，荣杜易看到了西南地区特有的建筑手法，如干栏式建筑、屋顶脊饰及室内装修。最后，在对华西协合大学校园基地进行测量的基础上，将中国传统古典建筑元素、川西建筑元素融入校园基地的天然环境，设计出了一张近乎完美的中西结合的建筑蓝图。该设计以钟楼为原点，向南向北延伸为中轴线，建筑物大都是西洋结构，中国式屋顶，流檐飞角，它们不是庙堂之序，而是散落之序，是一种开阔的思路，平衡对称地排列在这条中轴线左右，沿东西方向铺开。南北向的中轴线与东西向的大路相交，俨然一个安放在坝上的十字架，教会大学的影子就在这不经意中蓦然浮现，设计师巧妙精致、匠心独具的规划令世人惊叹。南北干道、东西道路两旁都栽种了适宜成都气候、土壤的本土植被以及西洋树木，如国外移植而来的法国梧桐，使得华西坝率先拥有了成都最平坦、绿化最考究、最具现代气息的道路。

华西协合大学的开办得到了当时中国政府和地方当局的许可和支持，从清朝四川总督，到民国总统，再到四川省督军、省长、民政长等，有的题词嘉许，有的提供经费资助，有的帮助解决问题，文教名流如廖季平、林思进等"五老七贤"也陆续应聘来校任教。由于华西协合大学的建立，华西坝成为成都西方文化的"特区"，并对四川地区科学文化教育事业的发展产生了深远的影响。

从1913年到20世纪40年代，华西协合大学先后建成四十多栋大型建筑，形成了一组大型的中西合璧建筑群，其中大部分有价值的建筑物得以完善保存，至今仍在使用，与后来陆续修建的教学楼、学生宿舍一起构成四川大学华西校区之格局。华西协合大学近现代建筑在规模和艺术价值上，都被认为是成都近现代建筑的代表。

The Architect's Drawing, for the West China Union University.
(By kind permission of West China Border Research Society.)

1912年华西协合大学规划设计图

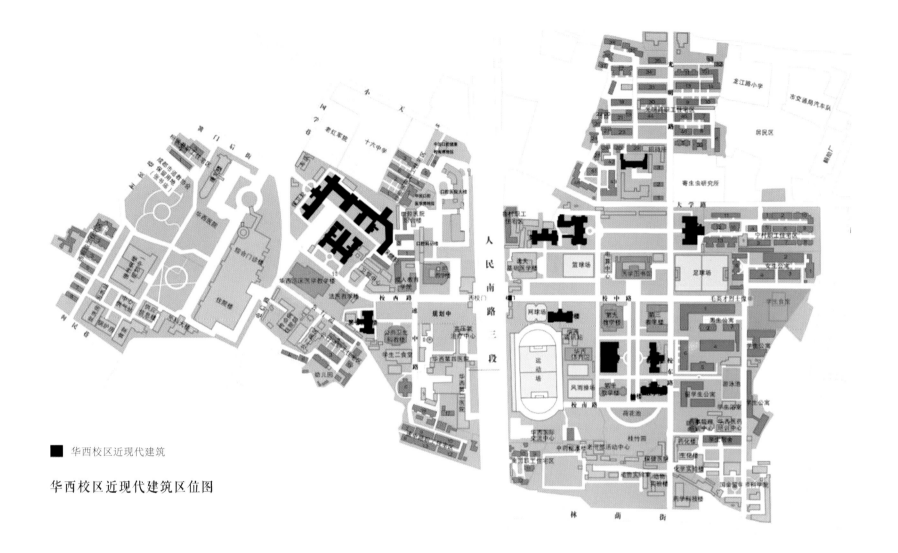

■ 华西校区近现代建筑

华西校区近现代建筑区位图

华西校区建筑风格特征

　　从19世纪末至20世纪上半叶，西方教会组织与传教人士在华创办了一大批迥异于中国传统教育型制的新式高等教育机构——教会大学。华西协合大学具有同类教会大学的两大共同特征，即西化和基督化。在经历了诸多反洋教的"教案"之后，传教士开始着华服、说华语、取华名，将基督教教义掺进儒学、道家经典以迎合中国传统，博得民众心理认同。为了吸引当地人才进入学校接受教育，而又不致引发社会的普遍抵触，就需要在校园中创造出一种"中国式"的环境，营建出使受教育者感到熟悉和亲切的氛围，也就是要尽量在学校建筑方面本土化。于是，在中国的

本土建筑师还没有大规模走上舞台，而一般的外国建筑师还自矜于西方建筑学，对中国营造术不屑一顾时，这些传教士便开始表现出对中国传统建筑形式的尊重。1894年，在由美国圣公会传道部开办的上海圣约翰大学的建筑改建中，其怀施堂的屋顶设计为中式大屋顶，开创了教会校舍建筑中西结合的先例，取得了较为明显的成效。由英美基督教会和罗马天主教会在中国设立的17所高等教育机构，分布在华东、华南、华西、华北和华中5个区域，包括14所基督教大学和3所天主教大学，其中采用中西合璧建筑形式的就有11所，充分反映出这种建筑形式在中国地区的普适性。

近代教会大学建筑的发展分为两个时期：前期和后期，其区别主要在于设计者和设计方式的不同。前期的设计者大多是第一次接触中国建筑的西方设计师，有的甚至就是传教士，所以这类建筑的特点带有强烈的西式建筑体量特征，被认为是"西方传教士与建筑师糅合西方建筑理念与东方建筑元素而形成的现代建筑样式"，被称为西式建筑的"中国化"时期。到了近代教会大学建筑发展的后期，涌现出以亨利·墨菲（Henry Killam Murphy）为首的西方建筑师们，他们比较深入地总结了中国古代大屋顶的特征，设计的一系列建筑多带有强烈的中国官式建筑特征，关注"屋身与屋顶的整合，以南方民间样式为摹本转变为以北方官式样式为摹本，整体形象走向宫殿式的仿古追求"。

华西协合大学近现代建筑也因本土化和西化而产生了这种特殊的中西合璧风格，教学、科研和办公建筑均由外籍设计人员在华调研后，在尊重中国传统建筑风格的前提下，融合西方建筑设计的理念创作而成。尽管单体建筑各具特色，但荣杜易和其后多名建筑师均一致采用了统一的青砖青瓦，间以大红圆木柱、大红封檐板，因此取得了整体空间上和谐统一的效果。建筑设计者们对于中国式屋顶的两坡、四坡、歇山、攒尖以及腰檐的处理手法较为成熟，屋面的反宇曲线、檐口升起、檐角起翘等，都力图展示出他们眼中的中国传统建筑的独特韵味。在表面"中国式"的外皮之下，西方建筑的某些构图元素反复穿插运用。从立面构图上看，华西协合大学近现代建筑追求凸凹起伏的形体和丰富的屋面天际线，抱厦、塔楼、烟囱、老虎窗多不胜数，较少使用古典柱式，大门及细部装饰常用弧度较平的圆拱，窗洞则大多是方额。

除了显著的西式建筑和传统北方官式建筑的影响痕迹外，华西协合大学建筑的"中国式"风格还带有川西民居的本土地域特色。从屋顶翼角的起翘上看，成都一带的民间建筑，檐角往往极度反转，使尖端卷向屋面，极尽飞扬之态势。而中国北方官式建筑，檐角起翘则较为平缓。早期的华西协合大学建筑起翘都比较飞扬，显然具有浓郁的川西特色。建筑室内地坪普遍架空抬高，以适应成都地区潮湿的气候，利于防潮。由于建筑物颇多凸凹、高低变化，其屋面也多纵横交接，高低错落，因而屋面形象多姿多彩，屋顶处理借鉴中国其他地方建筑特色做法和日本建筑特征。例如，合德堂为了突出建筑的纪念性，中部采用了塔楼矗立的造型，与贵州、广西一带侗族的风雨桥颇为相似；万德堂屋顶之上曾耸立一座中国古典园林式攒尖顶圆亭；而嘉德堂入口门廊屋脊的"唐破风"处理手法具有典型的日本宫殿建筑特征。

建筑装饰方面，设计师们多采用人们喜闻乐见的动物和花草纹样，而不是以龙凤为主题的传统装饰图案，反映了西方教会的哲理。建筑屋面脊饰可谓缤纷多彩，使用了各种各样的动物形象，狼、蝙蝠、狮子、鳄鱼、鲤鱼、孔雀、白象、鸡、山羊，甚至还有张开双翼的飞马，显得十分怪诞。究其原因，一方面是外国建筑师并未理解中国传统脊饰的真正含义，而又觉得新奇，就自由运用完全不求其意；另一方面，四川本土道教追求"天人合一""道法自然"，道观建筑供奉各种动物图腾并加以夸张的变形，华西协合大学的建筑也受到了四川道教建筑文化的影响，虽显得热闹怪趣，却具有独一无二的价值。

建筑构造方面，设计师们吸取了西方建筑的设计方法，增大了建筑的刚度和使用年限，采用墙承重体系，将传统建筑中屋顶的主要承力构建——斗拱作为一个斜向受力构件，甚至将其弱化为装饰性构件。建筑平面布局流畅，功能合理，重视交通和采光，摒弃中国传统建筑阴沉灰暗的空间处理，灵活运用西方建筑的空间处理手法，如阁楼的应用，使传统大屋顶空间得到利用，满足了教育教学的基本要求。

建筑材料方面，成都及其周边地区建筑材料丰富，所需建材基本都有出产，只有铁具和玻璃需要从西方进口。建房的石料来自灌县、龙泉驿等地；梁架所使用的优良木材产于灌县、邛崃、宝兴、天全等地，主要靠水路运来成都；砖瓦产地集中在外东三瓦窑、二瓦窑、头瓦窑及外西丰家碾。

保护工作

四川大学近现代建筑得到了几代人的不懈坚守与精心维护，2001年2月，《成都市人民政府关于公布李家钰烈士旧居等22处建筑为成都市首批文物建筑的通知》公布了四川大学早期文物建筑群，包括四川大学第一行政楼（明德楼）和部分华西校区近现代建筑为成都市首批文物建筑，其中华西校区近现代建筑包括华西校区行政楼（怀德堂）、老图书馆（懋德堂）、钟楼（克里斯纪念楼）、第一教学楼（嘉德堂）、第二教学楼（懿德堂）、第四教学楼（合德堂）、第五教学楼（育德堂）和第六教学楼（万德堂）8栋建筑，并于2001年2月12日举行了授牌仪式，牌匾悬挂在每幢建筑前。

鉴于特定的历史地位、中西合璧的建筑造型以及丰富的人文景观，华西坝片区于2001年3月由成都市人民政府公布为"历史文化片区"，成为成都市这座国家级历史文化名城的重要组成部分。

2002年12月27日，四川省政府公布四川大学早期文物建筑群为四川省第六批文物保护单位之一，并以文件《四川省人民政府关于公布邓小平故居等190处全国重点、省级文物保护单位保护范围的通知》公布其保护范围。

2013年3月，国务院印发《关于核定并公布第七批全国重点文物保护单位的通知》，公布了第七批全国重点文物保护单位，其中包括四川大学早期文物建筑群。

2014年9月10日，华西校区第七教学楼（志德堂）被批准列入成都市第二批历史建筑保护名录，并由《成都市人民政府关于公布成都市第二批历史建筑保护名录的通知》公布。

除了被纳入文物保护单位范畴的建筑，四川大学化学馆、望江校区东区第二教学楼(瑞文楼)、望江校区东区第四教学楼(萃文楼)、四川大学校史展览馆、广益大学舍（稚德堂）、华西校区第八教学楼（启德堂）、华西医院建筑群和华西老校门也是四川大学近现代建筑中不可或缺的一部分。

四川大学近现代建筑是中国少有的集展示、研究、办公等功能为一体的文物建筑群，各单体的功能基本沿用至今，现由四川大学进行保护、管理和使用。四川大学化学馆、望江校区东区第二教学楼（瑞文楼）、望江校区东区第四教学楼（萃文楼）、华西校区第一教学楼（嘉德堂）、华西校区第二教学楼（懿德堂）、华西校区第四教学楼（合德堂）、华西校区第五教学楼（育德堂）、华西校区第六教学楼（万德堂）、华西校区第七教学楼（志德堂）、华西校区第八教学楼（启德堂）和华西医院建筑群现仍作为教学教育大楼使用；四川大学第一行政楼（明德楼）为四川大学主要行政办公中心；四川大学校史展览馆陈列了四川大学的百年历史；华西校区老图书馆（懋德堂）现为华西校史陈列室及华西医学展览馆；华西校区行政楼（怀德堂）的办公、礼堂等功能沿用至今；华西钟楼（克里斯纪念楼）保存完好；广益大学舍（稚德堂）现作为华西幼儿园使用。

四川大学近现代建筑以展示、办公与教学为主，不仅让精美的建筑本身得到有效保护，同时让老建筑符合时代的需求得到很好的体现，塑造了一个具有中国文化特色、川西历史特色的经典建筑，使其成为中西文化展示、交流的场所，更是对川西文化的传播与延续。

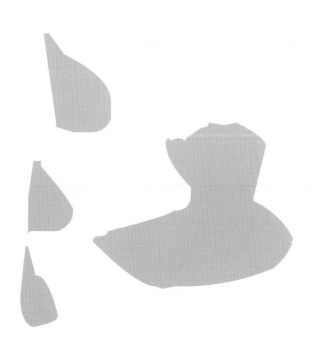

四川大学

第二章
望江校區近現代建築

四川大学近现代建筑

MING DE LOU

明德樓

—— 望江校区 ——

明德楼

1951—1954年

建筑面积15000平方米

第一行政楼

◎ 明德楼

明德楼，即四川大学第一行政楼，位于四川大学望江校区西区荷花池附近，原为成都工学院第一教学楼，后为成都科学技术大学第一教学楼，是新中国成立后成都地区修建的第一幢大型教学建筑。

明德楼，源于"大学之道，在明明德"。明德楼始建于成都工学院建校时期，学校大规模的基础建设就以明德楼的奠基为开端，成都工学院于1953年独立建校，而在此之前的1951年，明德楼已经开始筹备修建，并于1954年成都工学院成立典礼前基本落成。作为成都工学院的标志性建筑，明德楼长期承担教学楼功能，也被称为"一大楼"。1978年，成都工学院更名为成都科学技术大学，1994年4月，四川大学与成都科学技术大学合并建立四川联合大学，1998年学校最终更名为四川大学，明德楼作为四川大学行政办公中心大楼使用。1999年，在不损害明德楼原始风貌的前提下，大楼进行了彻底的加固和维修。

明德楼区位图

■ 望江校区近现代建筑
■ 明德楼

明德楼主入口

明德楼入口台阶

明德楼总建筑面积为15000平方米，由著名建筑设计师古平南（1914—1997年）设计，成都市建筑工程局第一工程公司施工，造价约160万元。古平南先生是四川长宁人，毕业于重庆大学，在他担任四川省建设厅建筑设计院总工程师时，承担了明德楼的设计以及华西钟楼的改建工作。明德楼最初设计为1栋9层的高大建筑，由于抗美援朝的开展，加之国家经济较为困难，最后修建为中部5层、左右4层的教学楼。

明德楼为具有中国特色的仿古宫殿式建筑，混合结构。中部高6层，重檐歇山顶，两翼为4层，单檐歇山顶，后部为3层，单檐歇山顶，青砖黑瓦，屋脊和檐翼上蹲着中国传统神兽。建筑立面采用纵横三段式，属于典型的西方古典主义构图模式。正面32级台阶直通2层，台阶两边石栏上的立柱形成一柱擎天，衬托出大楼雄伟的气势。台基坚实的外观形成庄重大方的格调，墙基贴面以及栏杆柱头等构件采用成都地区出产的红砂石制成。为适应教学需要，大楼结合了西方建筑空间处理模式，2层进门为一宽敞的大厅，便于人员流通，两翼均为内走廊式通道。门窗为西式建筑风格，房间采光良好，反映了外来文化与本土文化的交汇融合。

明德楼侧楼

明德楼正立面

　　明德楼建筑造型浑厚凝重，构图错落有致，大量运用了中国传统建筑古典元素，如重檐歇山屋顶、古代吉祥图案以及中国传统的红色梁柱等。飞檐雕花高雅气派，红柱青砖交相辉映。从外观来看，明德楼与当时颇为流行的苏联式建筑，例如差不多同期修建的理化大楼（致理楼），可以说是风格迥异，倒是与华西校区的中国式新建筑有异曲同工之妙。从高处俯瞰，整个大楼宛若一架大型飞机，也被称为飞机楼，与人们对这所新型工科大学寄予的厚望相契合。

　　明德楼四周绿树浓荫，鲜花簇拥，正立面与四川大学北门遥遥相对，其间为开阔的草坪和荷花池，更加凸显出明德楼的清净幽雅和宏伟壮观。校园空间组织突出轴线和合院的运用，通过校门牌坊—荷花池突出中心轴线，以左右办公楼和明德楼共同合围中心广场，强调广场、园林和庭院的中心地位，创造出颇为宜人的室外空间。

明德楼山花

明德楼背立面

明德楼侧立面

　　明德楼是四川最具中西文化合璧特色的城市标志性建筑之一，设计者在尊重中国传统建筑风格的前提下，融入西方建筑设计理念和设计方法，施工水平高，建筑质量好，被誉为中国高校建筑之精品，已被建筑史学界收入重要专著。明德楼依附丰富的自然与人文环境信息，是20世纪后半叶四川地区高等教育发展状况的写照，具有较高的历史文化价值。

◎ 明德楼正立面水彩图

比例 1:350

◎ 明德楼底层平面图

比例 1:350

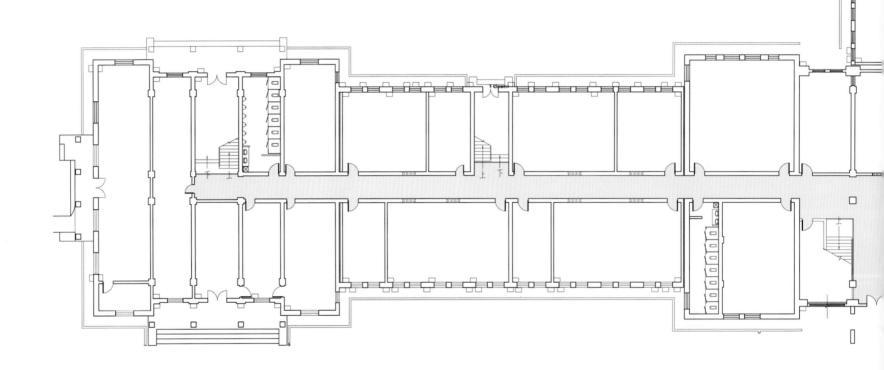

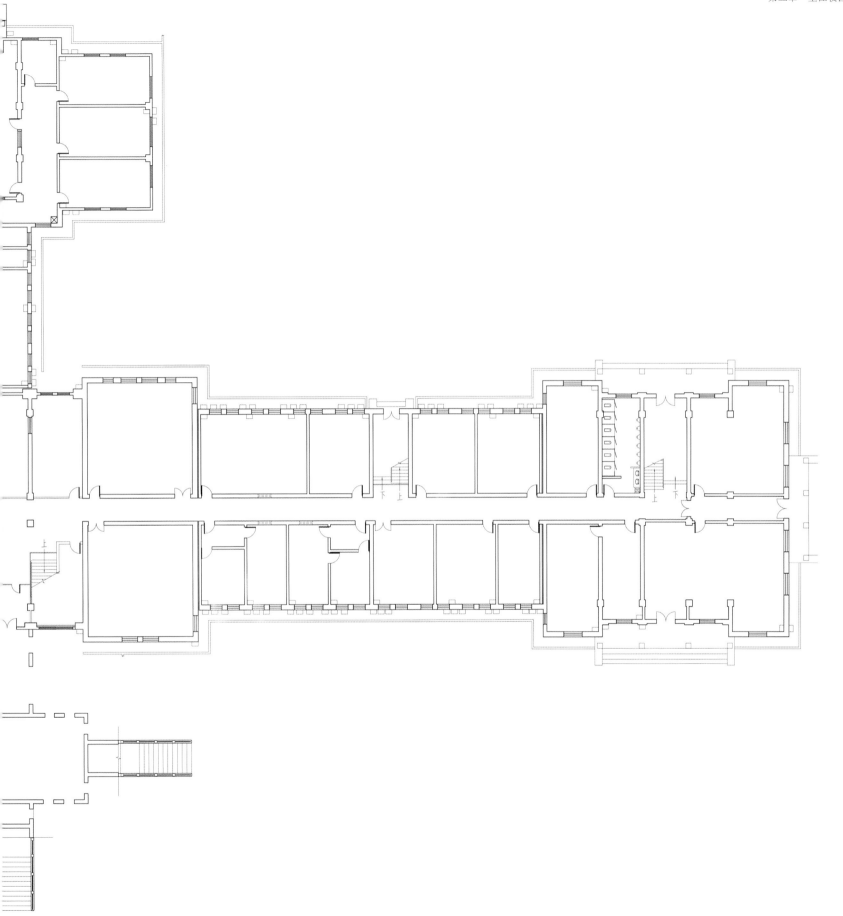

◎ 明德楼二层平面图

比例 1:350

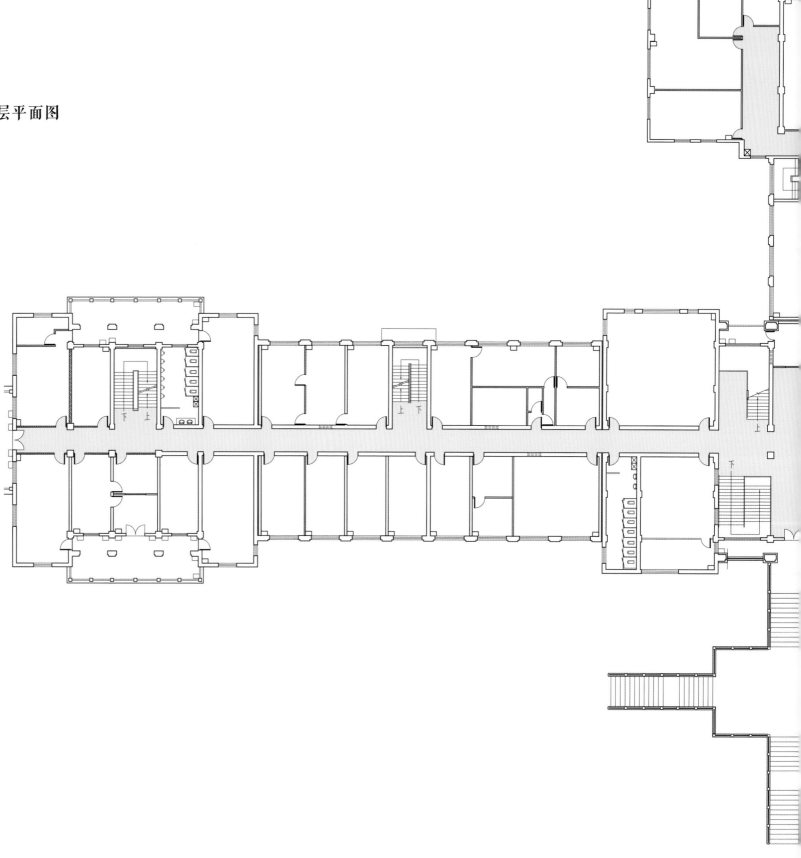

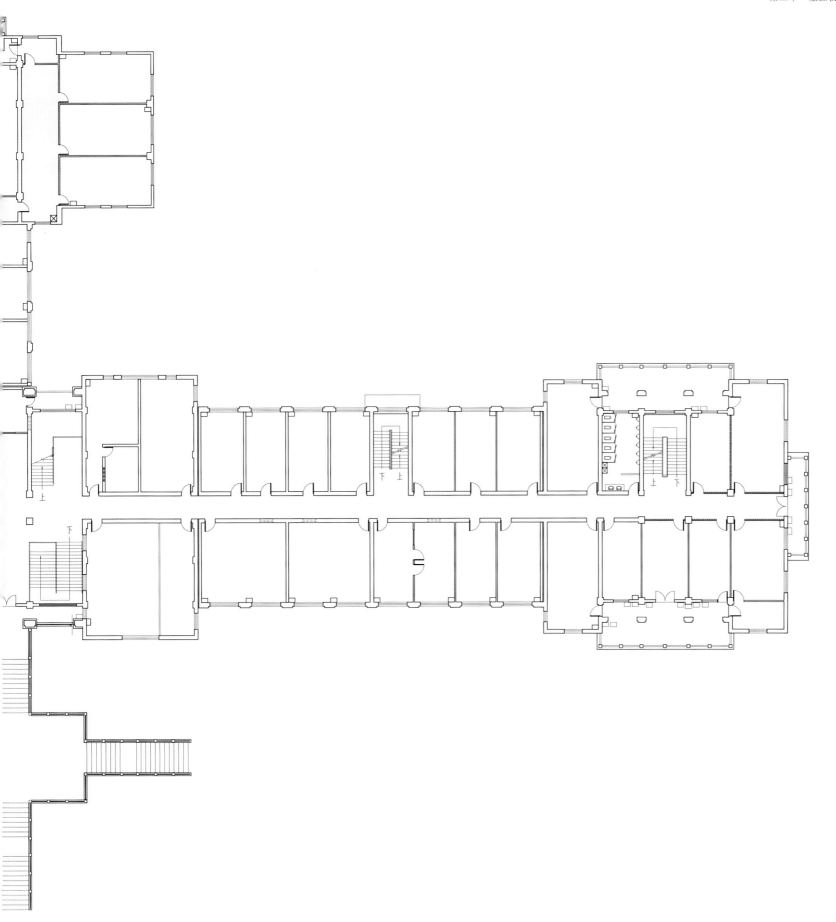

◎ 明德楼三层平面图

比例 1:350

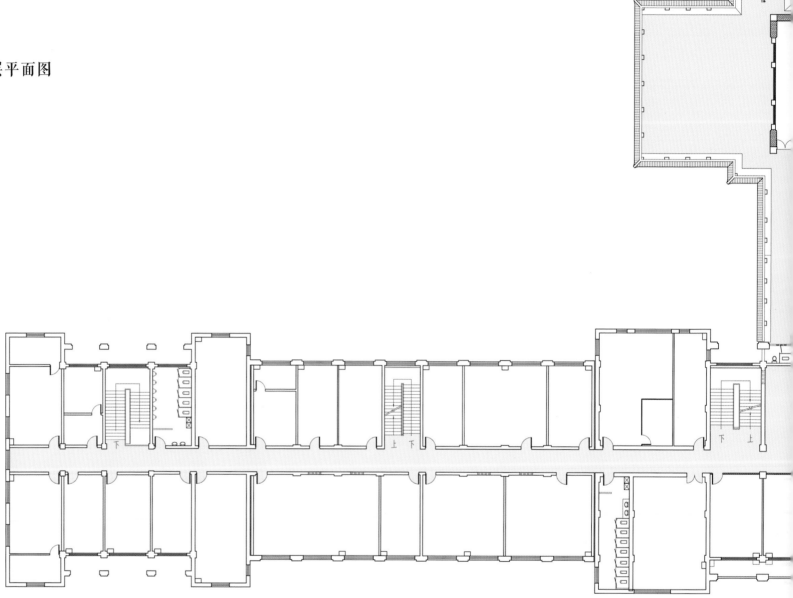

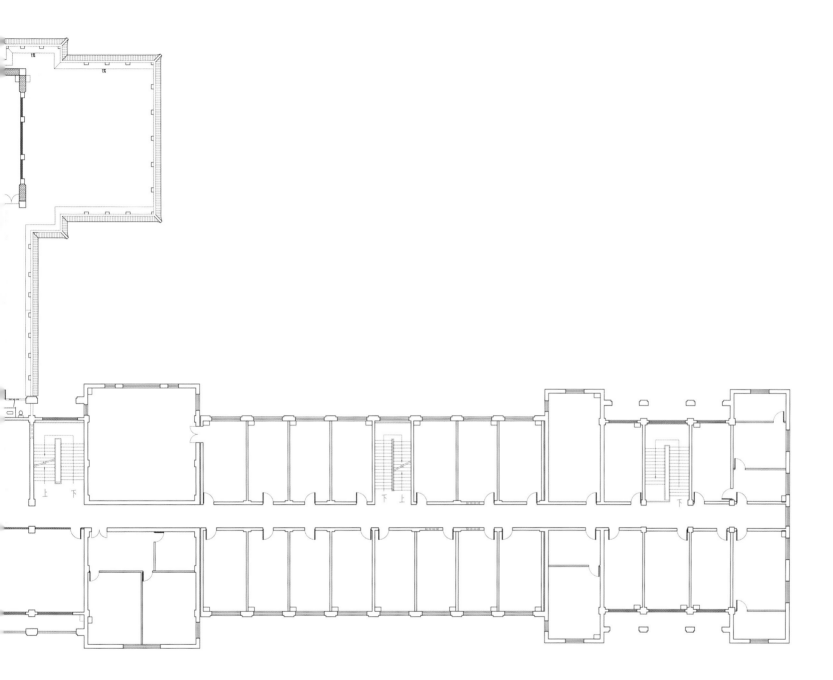

◎ 明德楼四层平面图

比例　1：350

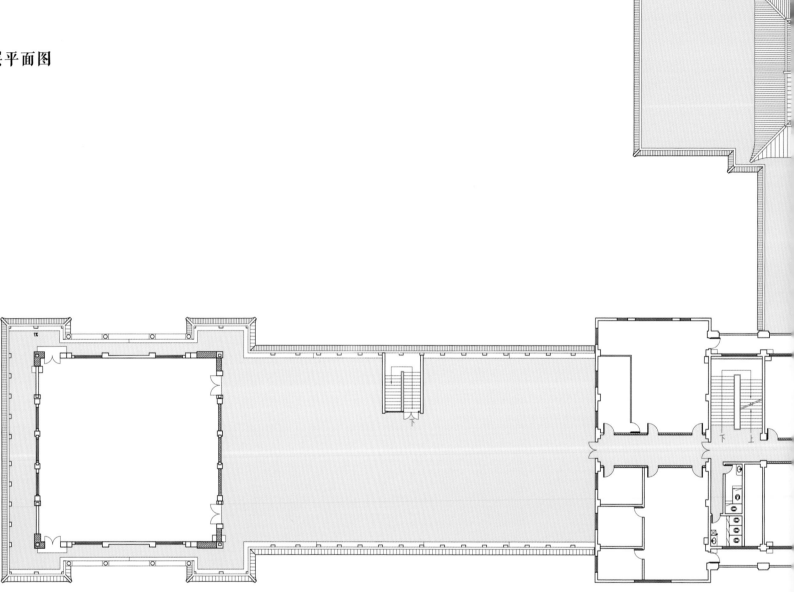

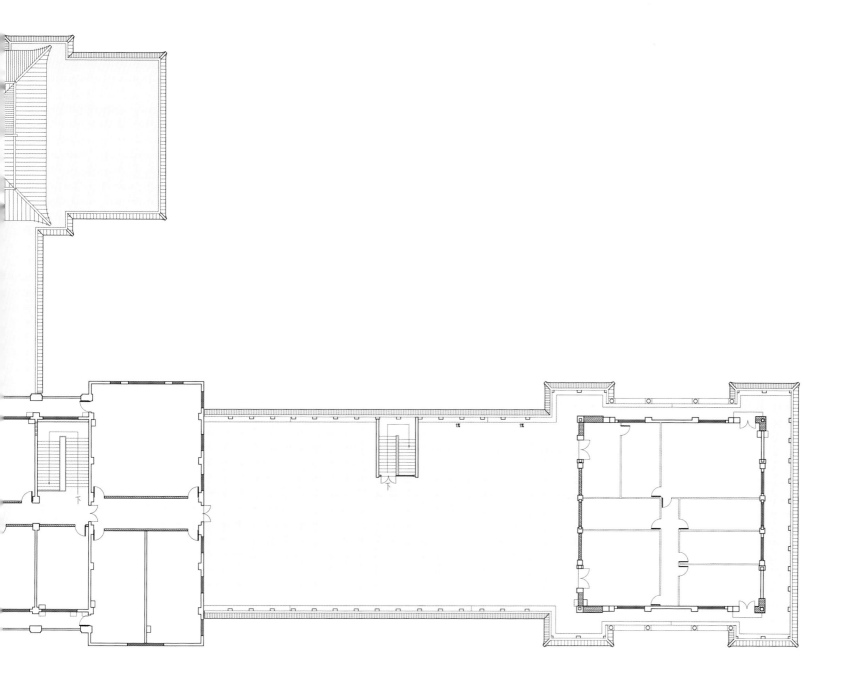

◎ 明德楼五层平面图

比例 1:350

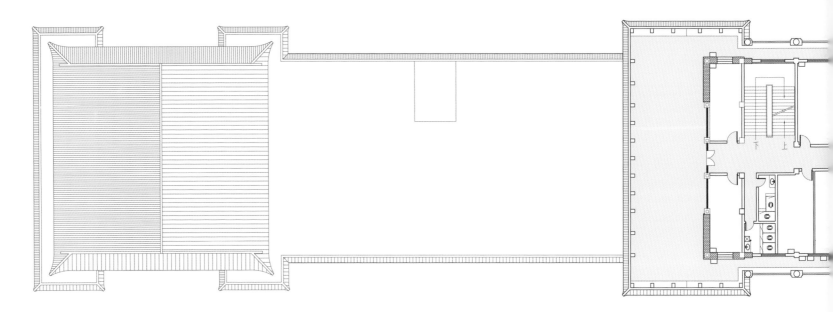

◎ 明德楼侧立面图

比例 1:250

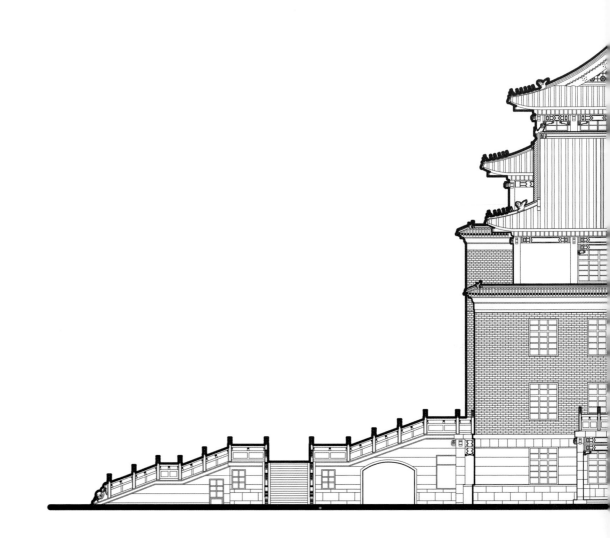

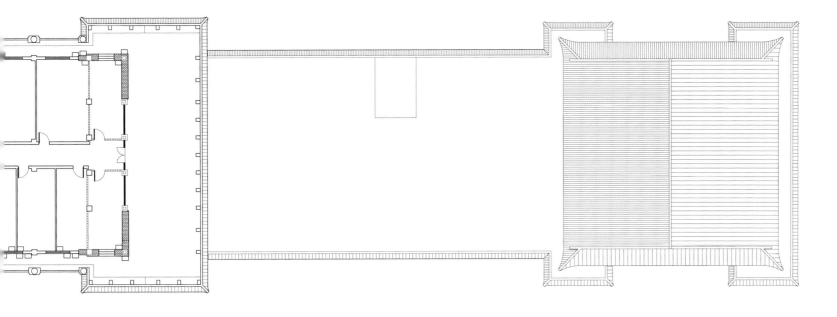

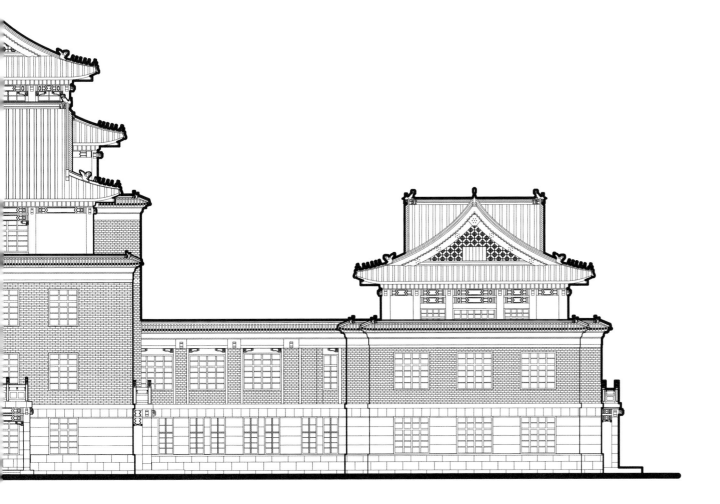

明德楼正立面

四 川 大 学 近 现 代 建 筑

HUA XUE GUAN

化學館

—— 望江校区 ——

化学馆
始建于1938年
建筑面积3700平方米
化学学院楼

◎化学馆

四川大学化学馆位于四川大学望江校区东区荷花池旁、毛主席塑像北侧，与四川大学校史展览馆并排而立，并与瑞文楼、萃文楼共同构筑以荷花池为中心轴线的对称广场格局。

1938年，国立四川大学择定望江楼附近为新校址之后，化学馆作为首批规划建筑开始修建。化学馆由我国著名建筑设计师杨廷宝院士设计，建筑面积约3700平方米，三层砖木结构，正立面总长78米，通高20米，单檐歇山屋顶，中央部分向外突出，前后出抱厦，抱厦的单檐歇山屋顶与建筑主体部分的屋顶"丁"字相交。屋顶上开有6个老虎窗和1个高耸的烟囱，屋顶出檐较浅，细部装饰如龙吻、悬鱼、惹草等仍按传统做法。门厅部分再凸出于抱厦之外，上覆歇山顶，彰显入口的重要性。

化学馆区位图

■ 望江校区近现代建筑
■ 化学馆

化学馆主入口

化学馆的立面构图采用"中国固有式"建筑中常用的"三三式"构图，即建筑分为横三段、纵三段。墙面由不同的材质组成，一层墙面为青砖砌筑，墙基红砂石勒脚，二、三层为白粉抹灰墙面，一层与二层之间以一条横向外凸的红砂石腰线装饰作为分隔。因此，横三段为一层、二层与三层、屋顶，纵三段为两翼及中央突出部分。"三三式"构图手法打破了单一的水平形象，使建筑立面富于变化，尤其上部气派的歇山屋顶，翼角飞扬，有一种舒张高扬的气势。

新中国成立以后，化学馆的主体部分和抱厦部分歇山屋顶的端部角翘被去掉，重新砌筑山墙面，将屋顶改为硬山顶，6个老虎窗以及烟囱全部取消，屋脊的龙吻亦被省略，入口门厅的歇山顶也被拆除。如今的化学馆主入口门厅前置3阶台阶，门洞宽3米，左右方柱上镌刻"寸草春晖，涓滴海涵"字样，门上题"化学馆"字样匾额。墙基、门窗框、高窗台、出挑屋檐边、露出的梁（枋）头、墙面上突出的圈梁、山墙雕花三角等细部均采用红色，极具中国传统建筑特色，并与青色的一层墙面、白色的二、三层墙面形成鲜明对比，生动有趣。

化学馆建筑平面呈"士"字形，建筑内部功能完善，流线清晰。底层主要为教研室、办公用房和休息接待用房。中部过厅呈八角形，左右各邻一部楼梯，楼梯旁建有卫生间。穿过过厅，就是相对独立于后半部分的一间大教室，用作阶梯教室，两侧均有疏散出口，背面有高窗用于改善采光通风条件。二层主要为各类化学实验室、教室和办公室，正对门厅上方是化学系陈列室以及电化、热化实验室。三层房间主要用于实验仪器的储藏、教师办公以及部分教室和实验室，中部为图书室。内走廊式的房间分布使得空间使用效率高，每间房间均有良好采光并联系紧密，有助于人员流动和提高工作效率。一层走廊两端头为侧门，二层以上为窗。周围环境安静怡人，建筑掩映在绿林当中，红绿搭配，树木亦成为良好的窗外风景。

化学馆主入口山花

化学馆烟囱

化学馆山墙

化学馆正立面门窗

化学馆侧立面

化学馆侧楼

　　化学馆整体中式简洁风格与局部精细处理相结合，完美体现了老一辈设计师严谨的设计态度和对建筑尺度的良好把握，其建筑格局也是现代教学、办公建筑的雏形。除了大楼外观有所改变，无论是用作化学系的教学楼，还是如今的化学学院楼，化学馆的名称和功能一直都未曾改变。这反映了化学学科的一脉相承，作为校区发展的见证者，化学馆的价值不可估量。

化学馆墙面材质对比

化学馆侧立面

化学馆背立面

◎ 化学馆正立面水彩图

比例 1:200

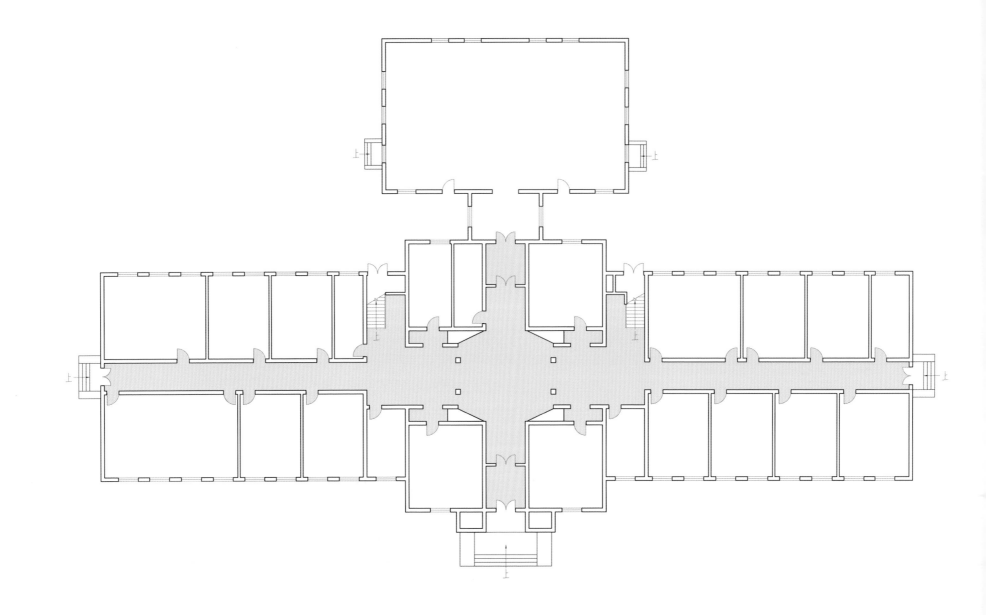

◎ 化学馆底层平面图

比例 1:300

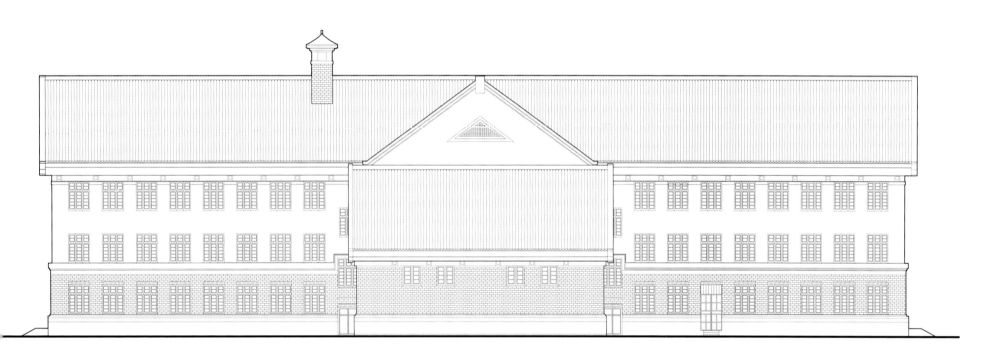

◎ 化学馆背立面图

比例 1:200

四川大学近现代建筑

RUI WEN LOU

瑞文樓

—— 望江校区 ——

瑞文楼

20世纪50年代

建筑面积3500平方米

四川大学国际儒学研究院楼

萃文楼

—————— 望江校区 ——————

萃文楼

20世纪50年代

建筑面积3500平方米

公共管理学院楼

◎瑞文楼、萃文楼

瑞文楼，即四川大学望江校区东区第二教学楼，与其并排而立的是四川大学望江校区东区第四教学楼，又称萃文楼。两栋大楼分列于玉章南路两侧，毗邻四川大学望江校区东区荷花池。

瑞文楼和萃文楼均修建于20世纪50年代，同属一批建筑，从整体外观到内部空间几乎一模一样。两栋大楼的建筑面积均为3500平方米，首层建筑面积也均为1145平方米，建筑三层，平面呈"工"字形，两端为4个大教室。立面呈三段式构图，底层为青砖砌筑，二、三层通体白墙面，方柱外凸，强调立面的节奏与秩序。墙基、底层与二层之间有红砂石线脚。三层之上为中式歇山屋顶，脊角置简化神兽，檐下有简易斗拱和彩绘雀替。坡屋顶上出西式老虎窗，中西结合，饶有趣味。

瑞文楼、萃文楼区位图

- ■ 望江校区近现代建筑
- ■ 瑞文楼
- ■ 萃文楼

瑞文楼正立面

主入口前置楼梯连接室外地坪和底层地平面，红砂石栏杆柱头刻祥云图案，门厅上部挑檐方形阳台，颇有苏式建筑韵味，建筑两侧均设次入口进出，门与台阶尺度小于主入口。木质红色门窗，窗棂门扇均为传统纹样。建筑内有两部楼梯，均位于入口大厅两侧，便于分散人群。

瑞文楼正立面

萃文楼正立面

瑞文楼侧立面

瑞文楼背立面

瑞文楼墙身立面

瑞文楼和萃文楼的选址位于校园主干道两侧，所在位置与当时的图书馆（即四川大学校史展览馆）和化学馆十分接近。为了保持校区建筑风格的协调统一，采用中国传统北方官式建筑风格，故整体形象与校园早期建筑十分契合，但与杨廷宝先生设计的建筑相比，在装饰上反倒过分拘泥，略显琐碎小气。

瑞文楼立面材质对比

2009年10月，四川大学、国际儒学联合会和中国孔子基金会在瑞文楼成立四川大学国际儒学研究院，以拥有全国重点学科"历史文献学"、教育部批"中国儒学"博士点的全国高等院校古籍整理工作委员会直属单位——四川大学古籍整理研究所为依托，主要从事《儒藏》《巴蜀全书》的编纂和宋代文化研究，并主持"纳通国际儒学奖"评选，主办有《儒藏论坛》及"儒藏网""国际儒学研究院网"和"国际儒学网"等。四川大学国际儒学研究院是整合全校文、史、哲等学科相关研究力量而形成的一个跨院系的研究平台，设有"三所"（中国儒学研究所、古籍整理研究所、蜀学研究所）、"四室"（儒商文化研究室、宋代文化研究室、海外儒教研究室、非物质文化遗产研究室）等机构。

萃文楼现为2001年6月成立的四川大学公共管理学院的学院楼。

瑞文楼屋顶脊饰

萃文楼侧立面

萃文楼侧门

萃文楼背立面

萃文楼侧楼

◎ 瑞文楼正立面水彩图

比例 1:200

◎ 萃文楼正立面水彩图

比例 1:200

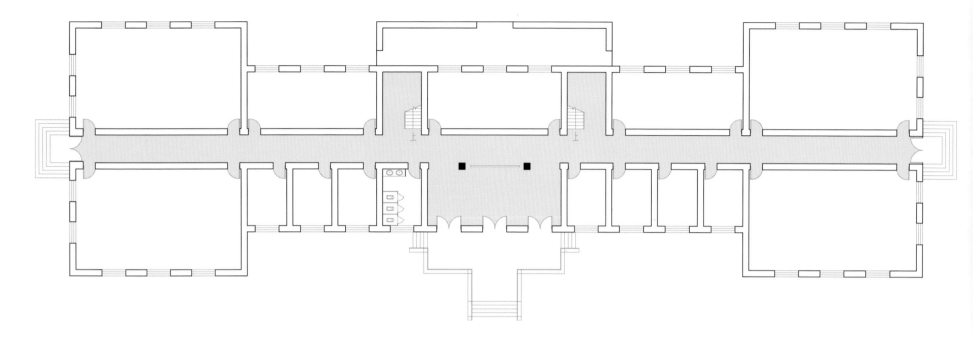

◎ 瑞文楼、萃文楼底层平面图

比例 1:300

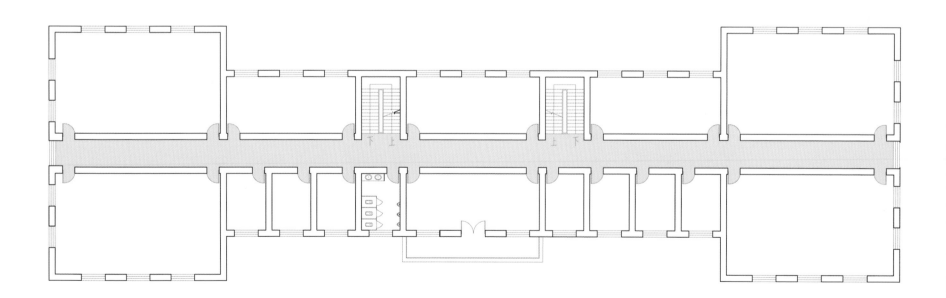

◎ 瑞文楼、萃文楼二层平面图

比例 1:300

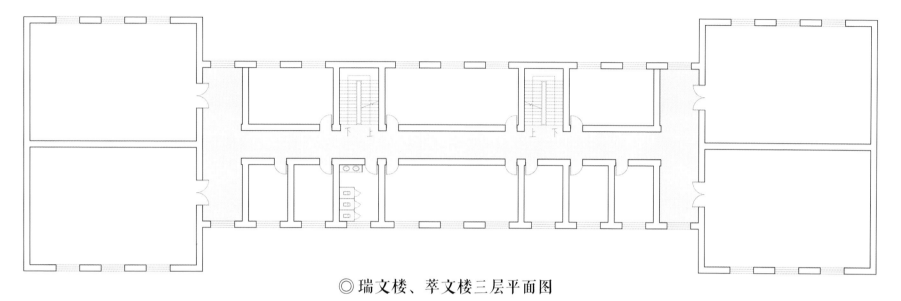

◎ 瑞文楼、萃文楼三层平面图

比例 1:300

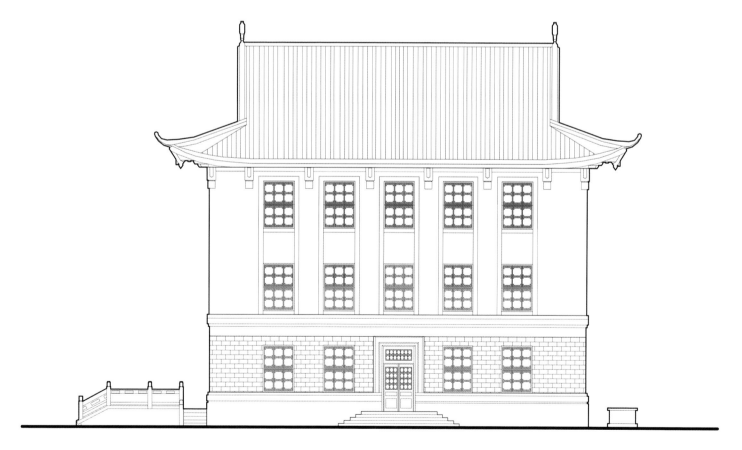

◎ 瑞文楼、萃文楼侧立面图

比例 1:200

◎瑞文楼、萃文楼背立面图

比例 1:200

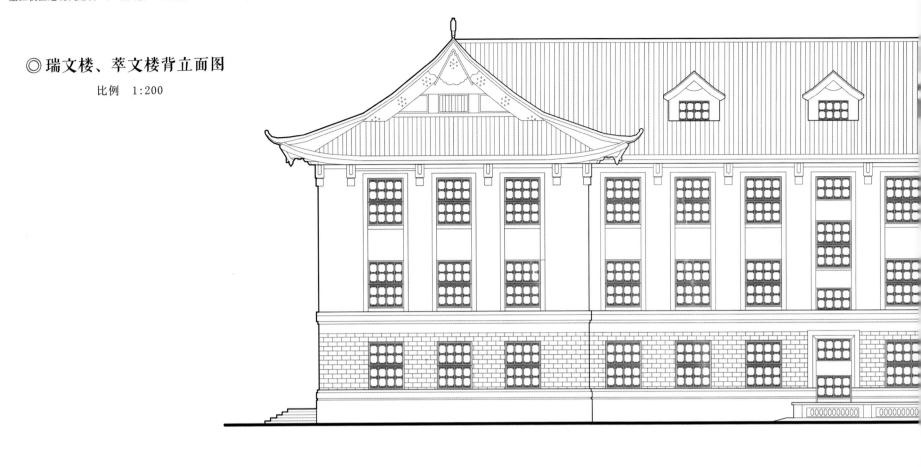

◎瑞文楼、萃文楼剖面图A

比例 1:200

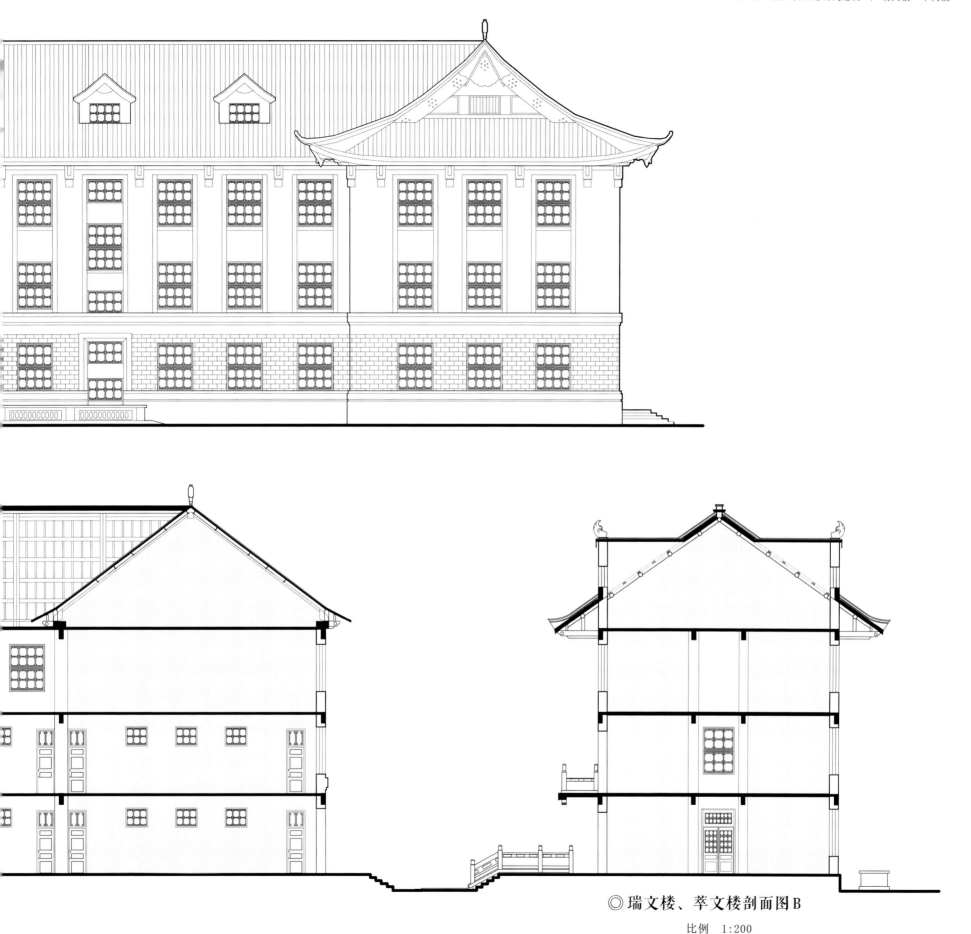

◎ 瑞文楼、萃文楼剖面图B

比例 1:200

四 川 大 学 近 现 代 建 筑

XIAO SHI ZHAN LAN GUAN

校史展覽館

—————— 望江校区 ——————

校史展览馆
1937—1938年
建筑面积3800平方米
四川大学校史展览馆

◎校史展览馆

四川大学校史展览馆位于四川大学望江校区东区荷花池旁，与四川大学化学馆并列于玉章北路两侧，其前身为著名建筑设计师杨廷宝院士设计的国立四川大学图书馆，同期建设的还有数理馆、化学馆，时称"三大建筑"。

国立四川大学图书馆修建于1937—1938年，是国立四川大学由成都老皇城迁往新校址之初规划修建的第一批建筑，总建筑面积约3800平方米，为"T"字形平面。这是杨廷宝先生较常采用的一种平面形式，"T"字形可以处理阅览室与书库层高不同的问题，因此成为中国早期图书馆的典型平面之一。金陵大学图书馆、沈阳同泽女子中学、南京中央研究院化学研究所、东北大学图书馆等均采用此种平面类型。图书馆地下室用作锅炉房、藏版室和印刷室，底层为办公、管理、采编等内部业务用房，阅报厅也位于底层，楼梯位于入口大厅的左右两侧，功能分区明确，流线互不干扰。二层分东西两大阅览厅，借书处、目录厅在中央。书库作为图书馆的核心居中后部，珍善书籍分藏于三层书库。

校史展览馆区位图

■ 望江校区近现代建筑
■ 校史展览馆

校史展览馆正立面

校史展览馆侧

校史展览馆主入口

图书馆立面造型借鉴中国传统宫殿形式，屋顶采用歇山顶，书库部分的屋顶与建筑主体部分的屋顶"丁"字相交。中央大厅部分出抱厦，重檐歇山顶。入口门厅突出，屋顶也采用歇山式，脊兽生动有趣，入口部分的柱子及墙面都做了重点处理，淡红色花岗石贴面，磨砖对缝，做工精致。整个建筑屋面皆为青灰筒瓦，底层及入口处墙面为成都常见的红砂石块砌筑，其余墙面为乳白色，色调淡雅大方。门窗、檐部和墙柱按传统做法再施以简化。室内均采用传统装饰手法——天花彩画，细腻精美。尽管图书馆采用大为简化的"中国宫殿式"做法，但建筑比例饱满匀称，传统韵味十足，并完全满足新式图书馆的各项功能要求，是将传统形式与现代功能完美结合的典范。

校史展览馆远景

校史展览馆檐口脊饰

由于当初图书馆所择基地为一片水田，土质松软潮湿，故采用了木桩基。建筑以砖木结构为主，门窗、地板均用楠木，后因四川天气潮湿，大屋顶构架遭白蚁所蛀，不得不于1964年将大屋顶拆除，由于功能需要又将建筑加建一层，施以钢筋混凝土预制构件平顶屋面，将女儿墙做成坡顶形式，抱厦和入口门厅的坡屋顶也一并拆除，门厅上部改为平顶阳台。

1987年，学校新建的现代化图书馆落成，老图书馆便作为校博物馆继续使用。2005年，新建的四川大学博物馆也正式对外开放，老图书馆作为建校110周年的献礼工程于2006年改建为四川大学校史展览馆。如今的校史展览馆总建筑面积为5000平方米，底层建筑面积1575.4平方米，是目前全国最大的独立校史展览馆，馆内丰富的实物资料和珍贵档案全面反映了四川大学（含原四川大学、原成都科学技术大学、原华西协合大学）120年（1896年—2016年）的发展历史。

校史展览馆墙身立面

　　四川大学校史展览馆内规划了6个大展厅和8个小展厅，各展厅命名均可寻来历，6个大展厅均取自相关名人以及古诗词。润万厅：鹿传霖（1836—1910年），字润万，一字滋轩，亦作芝轩，四川中西学堂创办人；流风厅：《孟子》"故家遗俗，流风善政，犹有存者"；足音厅：《庄子》"闻人足音，跫然而喜也"；吟虹厅：明太祖朱元璋和彭友信《虹霓》联诗"谁把青红线两条，和风甘雨系天腰。玉皇昨夜銮舆出，万里长空架彩桥"；明远厅：诸葛亮《诫子书》"非淡泊无以明志，非宁静无以致远"；至公厅：《刘向说苑至公》"书曰：'不偏不党，王道荡荡。'言至公也"。小展厅8个，根据四川大学前身之一的锦江书院楹联"有补于天地曰功，有益于世教曰名，有精神之谓富，有廉耻之谓贵；不涉鄙陋斯为文，不入暧昧斯为章，溯乎始之谓道，信乎己之谓德"，分别命名为功之厅、名之厅、富之厅、贵之厅、文之厅、章之厅、道之厅和德之厅。

校史展览馆入口门厅

校史展览馆庭院（一）

校史展览馆庭院（二）

◎ 校史展览馆正立面水彩图

比例 1:300

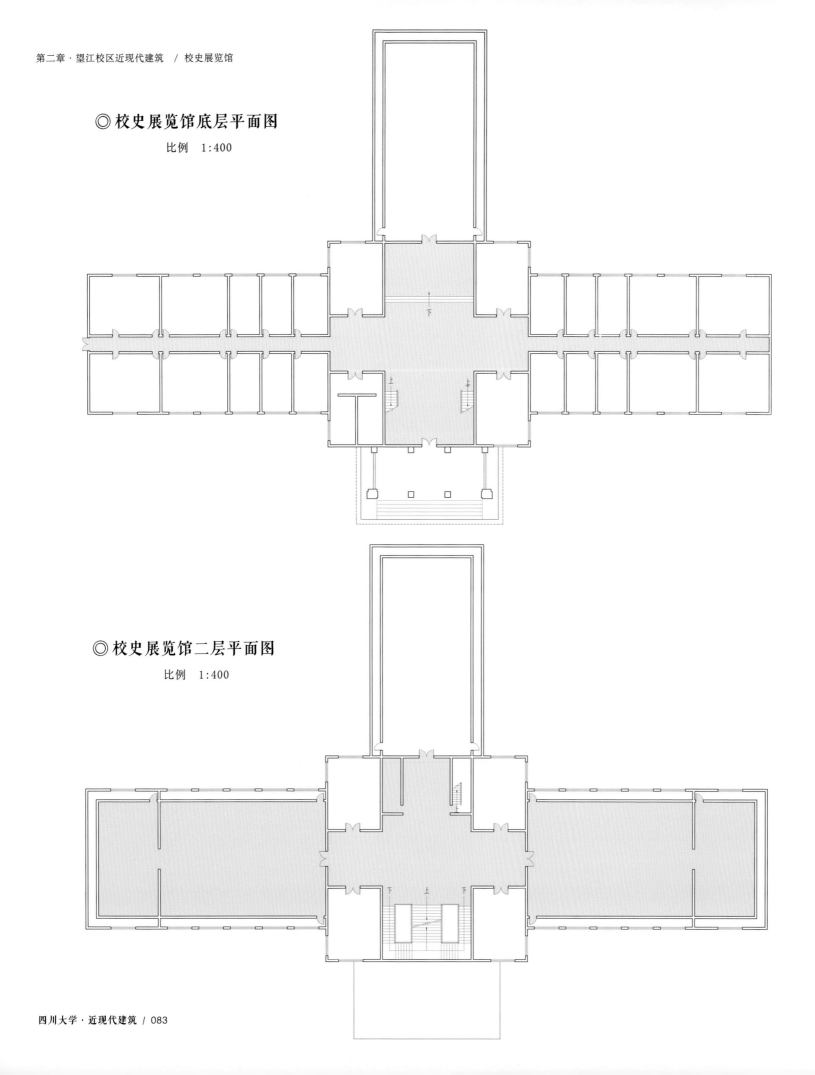

◎ 校史展览馆底层平面图

比例　1:400

◎ 校史展览馆二层平面图

比例　1:400

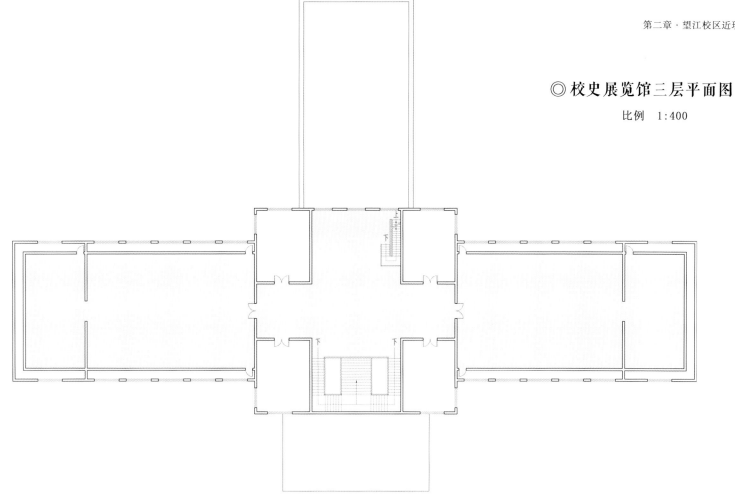

◎ 校史展览馆三层平面图

比例 1:400

◎ 校史展览馆右侧立面图

比例 1:250

四川大学

第三章

華西校區近現代建築

四 川 大 学 近 现 代 建 筑

MAO DE TANG

懋 德 堂

———— 华西校区 ————

懋德堂

1916—1926年

建筑面积2688平方米

华西校史陈列室、华西医学展览馆

◎懋德堂

懋德堂，即四川大学华西校区老图书馆，英文名为The Lamont Library and Harvard-Yenching Museum，位于四川大学华西医学院东北部，毗邻大学路北校门，与华西办公楼（怀德堂）遥遥相对，建筑面积2688平方米。懋德堂始建于1916年，系美国赖孟德氏为纪念其子捐建，并由英国建筑师弗烈特·荣杜易（Fred Rowntree）设计，建成后为原华西协合大学图书馆，后为华西协合大学博物馆，如今的懋德堂为华西校史陈列室及华西医学展览馆。

1905年，华西协合大学在筹备期间即开始购置图书，而到大学成立近6年，图书馆还没有固定场所，随着藏书量的增加，前后搬迁了3次。1916年，美国赖孟德氏夫妇捐赠了15000美元，用于修建一栋永久性的图书馆大楼，从买地、设计到修建，历时10年，直至1926年（民国15年）图书馆大楼才顺利竣工。懋德堂建成之后，广东罗氏好一斋捐赠私家中文藏书25000余卷，唐棣之先生赠中文书8100余册，大大丰富了馆藏。懋德堂是中国早期公共图书馆的典型形式之一，一楼阅览大厅可容纳一两百人，高耸的天窗，宽敞的阅览室，完备的书库，懋德堂成为当时中国西部最完备的图书馆。

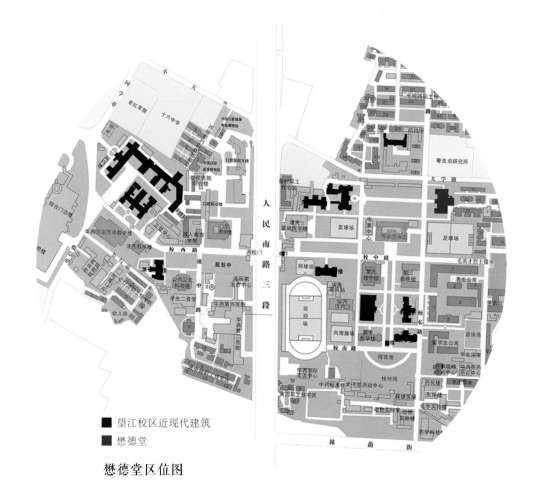

■ 望江校区近现代建筑
■ 懋德堂

懋德堂区位图

懋德堂远景旧照

懋德堂书库旧照

◎懋德堂设计原稿

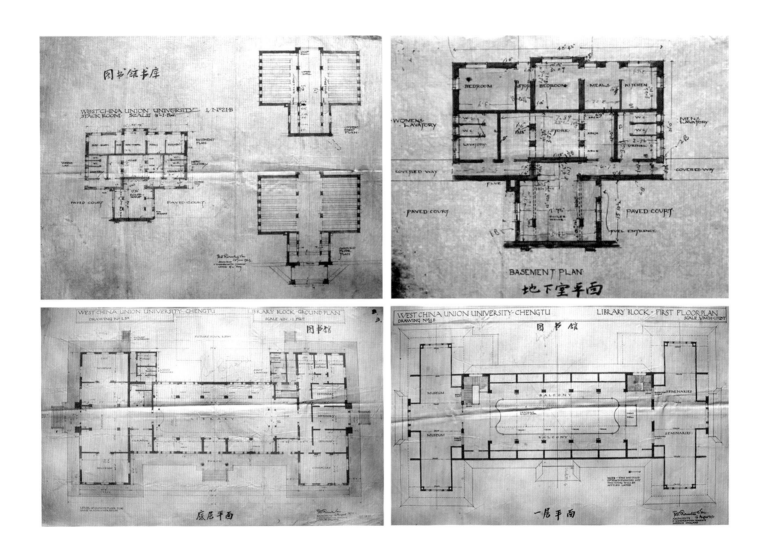

1932年，由华西协合大学教授戴谦和、葛维汉、陶然士、叶长青等筹备已久的华西协合大学博物馆正式成立，展馆设立于懋德堂2楼，开辟出了6个展厅。这是成都，也是中国高校，乃至中国西南地区出现的第一座现代意义上的博物馆。博物馆首任馆长葛维汉曾率馆员林名均等率先以现代考古技术规范发掘三星堆遗址，两个多月内发掘出精美玉、石、陶器等六百余件，就此揭开了震惊世界的中国川西平原古蜀国三星堆遗址考古的序幕，所获得的文物全部捐给了博物馆。

到1951年，华西协合大学博物馆收藏的古代文物已达3万余件。馆藏文物大致分为3类：第一类是古代美术品，计有理番灰陶，汉代、唐代、宋代明器，邛窑瓷器，琉璃厂及蜀窑陶器，宋代、明代墓罐，史前石器以及历代铜器、铁器、锡器、货币、砖瓦、骨器、玉器、琉璃、漆器等；第二类是边民文物，计有苗族刺绣、羌族法器、彝族文物以及摩西、摆夷、开钦、缅甸等民族器物；第三类是西藏标本，计有藏族经书、酒器、乐器、灯盏、印章、法器等，其中西藏标本尤为丰富，被外国报纸誉为"世界各博物馆之冠"。

懋德堂屋顶脊饰

懋德堂主入口

懋德堂西式高窗

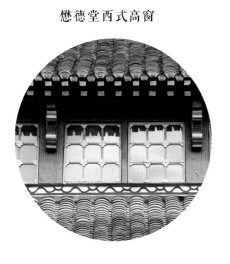

懋德堂侧楼

懋德堂屋顶吻兽

懋德堂内部展厅空间

20纪90年代，懋德堂被作为校史陈列馆使用。2010年9月28日，懋德堂作为四川大学华西医学展览馆正式开馆，以医学为特色，设有跨越发展厅、学贯中西厅、大医精诚厅，达成存史、教学、研究、科学教育、收藏的综合功能，展示和记录了华西百年发展历程。

懋德堂的设计从荣杜易1913年绘制的《华西协合大学鸟瞰图》上已见其构思，懋德堂是参照中国传统建筑元素，采用西方砖木结构构造法，精心设计、备料和施工建成的中西合璧式大型公共建筑。懋德堂为二层砖木结构建筑，平面呈"H"型，屋面造型较丰富，三组歇山顶相交，出檐较深。中部主体建筑屋面稍高，升起西式教堂采光顶和两个老虎窗，雕梁画栋，檐牙高琢，房脊正中雕有饰物，乃是中国人尊崇的图腾"二龙戏珠"。两侧雕有面容狰狞的怪兽，则完全是外籍建筑师对中国神兽的写意表达，生动有趣。台明宽敞，中式门厅前置8级台阶。立面竖向长条窗户，室内大厅通高，宏大宽敞，有一种西方教堂式的肃穆与静谧，屋梁之上错彩镂金的装饰画又满溢中国色彩。建筑空间复杂多变，二层采用带天窗架的梯形屋架，改善了室内采光，其构成的横向天窗又颇具道教建筑韵味。大厅中后部是一部木质四跑楼梯，左右两侧也设置有木质楼梯，中式踏步、栏杆，扶手柱头为四瓣双层郁金香形象。二楼的腹心地带勾画了一个环形走廊，由连续的罗马风格半圆形券架构，石柱上雕刻西洋式徽标猫头鹰，这种动物形象在西方的教堂建筑室内装饰中较为常用，但中国有句民间谚语"夜猫子(猫头鹰)进宅，非灾即盗"，因此是十分忌讳的。猫头鹰柱头上加上硕大中国式木质雀替，充分反映了中西文化的差异与交融。

懋德堂中式雀替

懋德堂梯形屋架

　　按中国现行设计规范，混合结构的使用年限只有50年。懋德堂自建成至今已近1个世纪，其结构完整，保存完好，实属不易。懋德堂独一无二的设计不仅具有极高的艺术价值和历史价值，并且对华西协合大学后来的建筑形成了深远的影响，作为四川近代高校图书馆建筑之肇始的懋德堂不愧是中国近现代建筑史上浓墨重彩的一笔。

懋德堂二楼展区

懋德堂吻兽

懋德堂变形斗拱

懋德堂山花

懋德堂鹰形斜撑

◎ 懋德堂正立面水彩图

比例　1:150

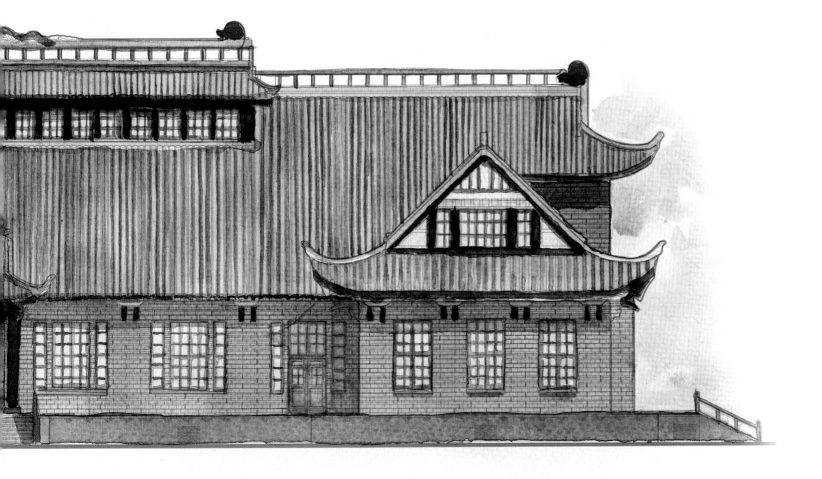

◎ **懋德堂底层平面图**
　　　　比例　1:350

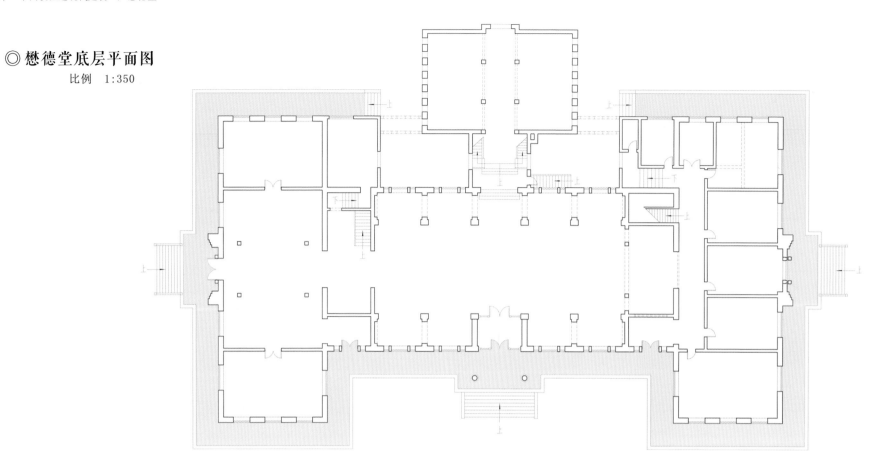

◎ **懋德堂二层平面图**
　　　　比例　1:350

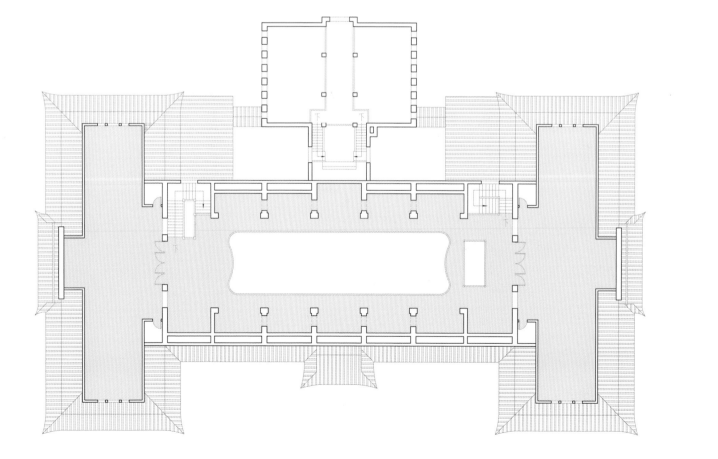

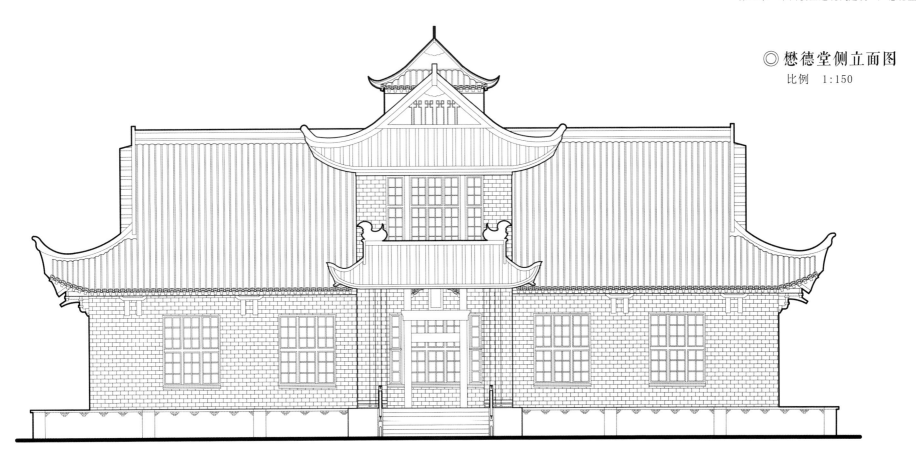

◎ 懋德堂侧立面图
比例 1:150

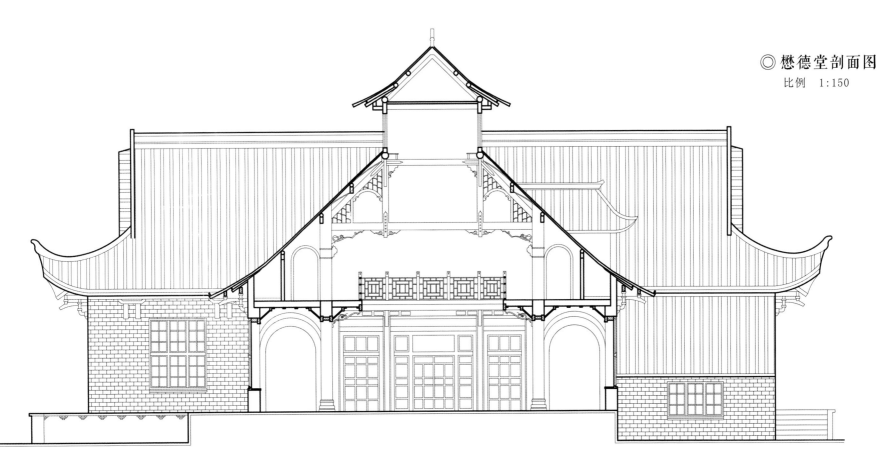

◎ 懋德堂剖面图
比例 1:150

懷德堂

华西校区

怀德堂
1915—1919年
建筑面积2618平方米
华西校区行政楼

四 川 大 学 近 现 代 建 筑

◎怀德堂

怀德堂，即四川大学华西校区行政楼，英文名为The Whiting Memorial Administration Building，位于四川大学华西医学院东北部，毗邻大学路北校门，与华西老图书馆（懋德堂）遥遥相对，建筑面积2618平方米。

怀德堂于1915年动工，1919年落成，由美国人罗恩普为纪念白槐氏捐建，建成后为华西协合大学事务所，包括校行政事务办公室、礼堂、文科教室和照相部等，其二楼的大讲演室还是星期日礼拜、聚会之所。经过1个世纪的洗礼，怀德堂的功能并没有发生太大的改变，一直作为学校的行政办公之所。

怀德堂是中国早期大型办公楼的典型形式之一，二层砖木结构，采用"H"型平面，这种平面形式受英国"都铎式"风格的影响。屋面造型丰富多变，屋顶形式众多，中式歇山、庑殿顶翼角显著，屋面中部升起西式教堂采光天窗、6处西式烟囱、2处老虎窗，屋顶烟囱供西洋壁炉之用，天窗表征教堂建筑中象征天堂的玫瑰窗。

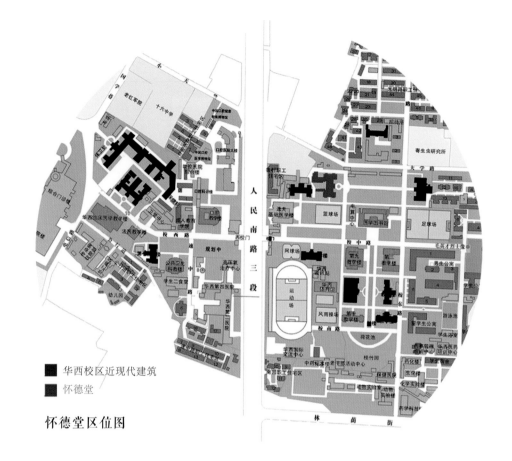

■ 华西校区近现代建筑
■ 怀德堂

怀德堂区位图

怀德堂主入口

◎怀德堂设计原稿

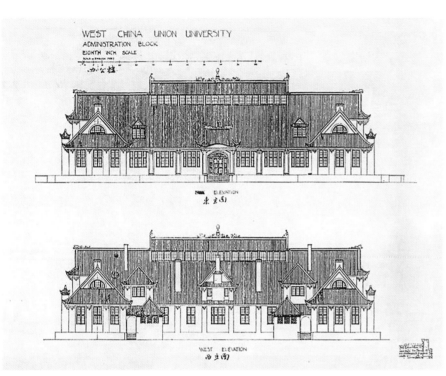

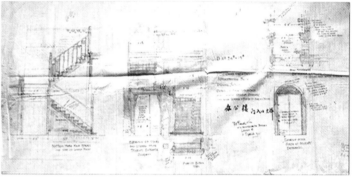

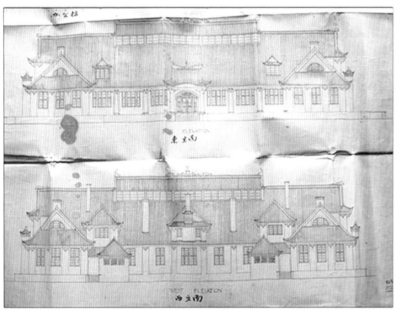

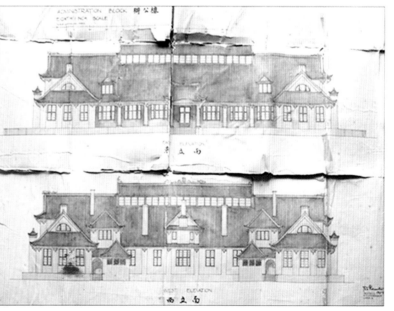

怀德堂主入口出抱厦，形式似一座中式门廊，门廊正脊上还立有一块扇形照妖镜面装饰，这是道教建筑特有的一种标志。门廊前置9层台阶直达1层，使得建筑架空于地表，可以达到防潮效果，同时建筑侧面和背面均有台阶连通室内外地坪。正门西式砖砌圆拱下两道门楣，装饰有中国传统的仙鹤图案。屋顶正脊中间饰有二龙拥簇花篮的镂空脊形象，变形的吻兽反趴在正脊两端。在北翼楼的基座上，还清晰可见刻有"中华民国四年，A.D.1915"的红色奠基石。建筑四周皆有着宽大的窗户，以体现华西协合大学开放、自由的办学特色。

怀德堂前檐口出檐较深，檐廊下有8根大红色圆柱，柱身有明显的收分，梁架结构采用具有四川地方建筑特色的穿斗式，饰以典雅的中国古典建筑装饰图案，这个檐廊灰空间是华西其他建筑少有的。怀德堂前后廊道的强烈对比也极具特色，正立面是中式檐廊，背立面是西式拱廊，在同一幢建筑物中同时出现中式和西式的廊道，也算是当时中西合璧形式的另一种创新了。侧面的屋檐下装饰有西方常用的飞狮形象，这种装饰在印度的殖民地式建筑中也出现过。檐下在与开间对应的墙壁上，伸出三角形斜撑来托住挑檐桁，瓦当和滴水分别刻有"华西协合大学"和"1915年"的字样。

怀德堂内共有两部楼梯，分别置于建筑后部，不同于教学楼建筑的集中分流人群手法。

怀德堂檐口细部

怀德堂屋顶脊饰

怀德堂檐下神兽

怀德堂屋顶组合

怀德堂入口门厅

毕启路旧照

怀德堂远景旧照

连接怀德堂和懋德堂之间的道路是华西坝有名的"毕启路",这是为纪念华西首任校长毕启而命名的。毕启校长曾称赞怀德堂:"崇宏壮丽,为华西校园中最美丽之建筑,足增进该大学校之精神。"

2008年5月12日汶川8级地震,成都有强烈震感,不少年代久远的砌体建筑出现震害,有的甚至倒塌,而怀德堂除了瓦面下滑,天棚脱落,墙面有少量裂缝和非梁枋构件断裂外并没有受到较大破坏。2009年7月底,怀德堂更是经历了一场大火,之后通过校方的不懈努力,怀德堂得以恢复昔日的面貌。

从建校之初的筚路蓝缕,到学校管理者的苦心经营,再到学生们毕业的合影留念,怀德堂都是默默的见证者。在民族危亡的岁月里,这里汇集了五大学校长们的团结合作,也曾给受战争伤害的民众一栖身之所。作为中国近现代中西合璧建筑之先驱和成都近代建筑的最高成就,怀德堂的历史价值和艺术价值不可估量。

怀德堂侧楼

怀德堂圆形拱券

怀德堂十字拱券

怀德堂檐下斗拱　　　　　　　　　　　　　　　　　　　怀德堂梯形屋架

怀德堂庭院

怀德堂二层天窗

◎ 怀德堂正立面水彩图

比例 1:150

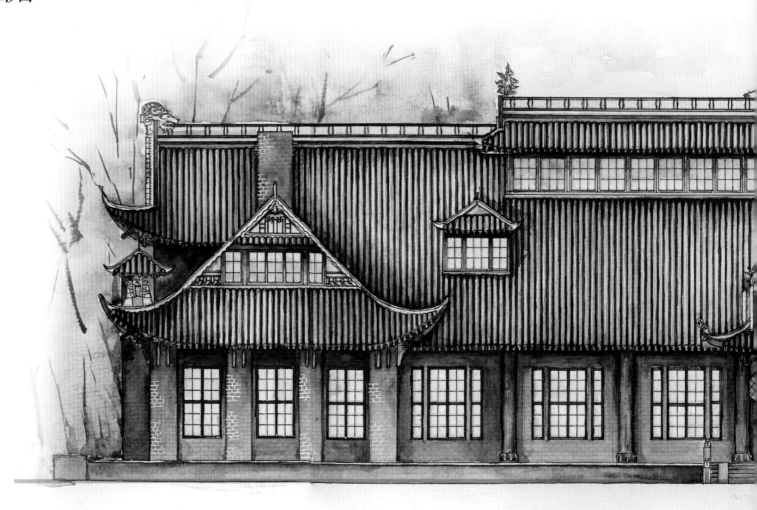

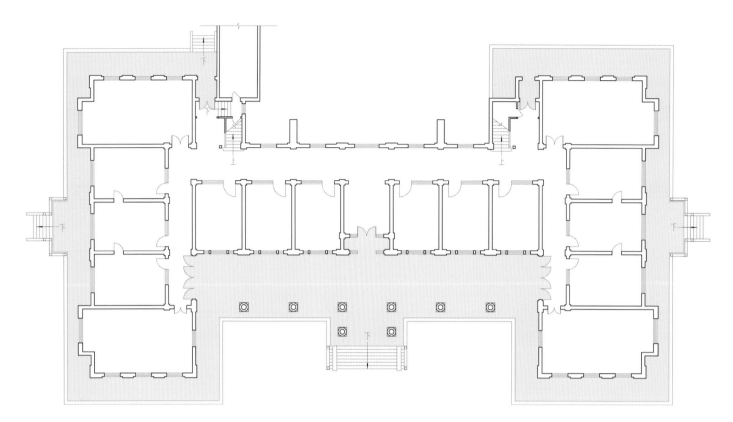

◎怀德堂一层平面图

比例　1:350

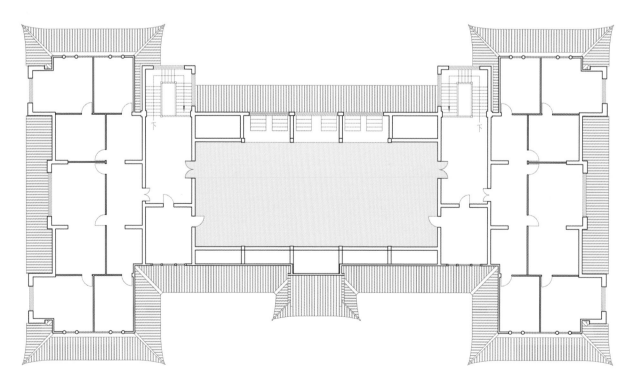

◎怀德堂二层平面图

比例　1:350

◎ 怀德堂侧立面图

比例 1:150

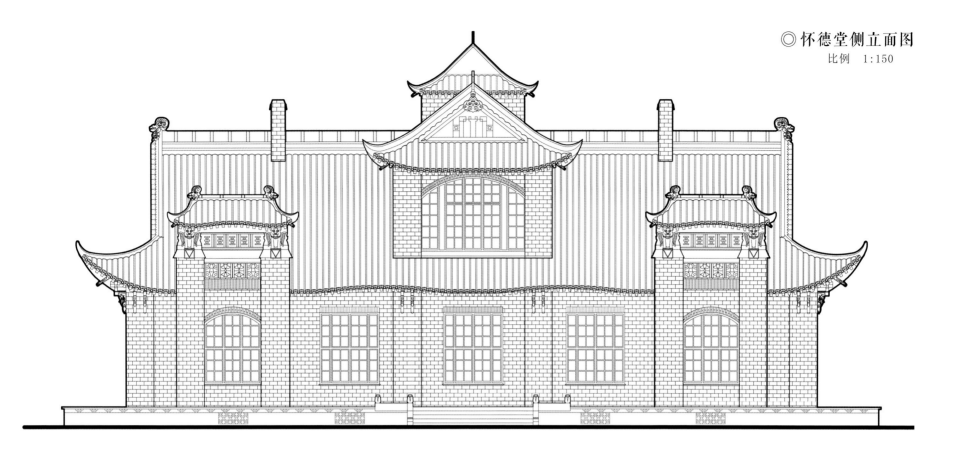

◎ 怀德堂剖面图

比例 1:150

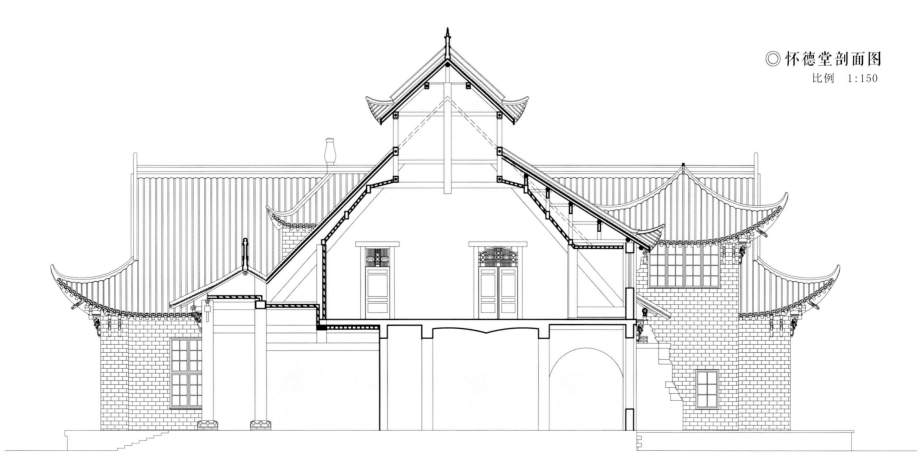

四 川 大 学 近 现 代 建 筑

JIA DE TANG

嘉 德 堂

—————— 华西校区 ——————

嘉德堂

建成于1924年

建筑面积3450平方米

生物学教室、解剖室、实验室

◎嘉德堂

嘉德堂，即四川大学华西校区第一教学楼，英文名为The Atherton Building for Biology and Preventive Medicine，位于四川大学华西校区东区中部，毗邻钟楼，与华西校区第二教学楼（懿德堂）隔渠相对，建筑面积3450平方米。

嘉德堂建成于1924年，系美国夏威夷嘉热尔顿兄弟捐建。建成初期主要用于生物系即生理系教学，为生物学教室、实验室，故又称生物楼。嘉德堂投入使用之时，就在大楼内成立了生物系博物馆，是中国西南首家自然历史博物馆，这座享誉全国的自然历史博物馆馆藏标本达到38000多件。1952年由于全国院系调整，标本统一搬迁到四川大学博物馆。嘉德堂现为华西基础医学院与法医学院解剖教研室，是四川省内外著名的大型大学解剖室之一。

在抗日战争时期，东部各省饱受战火蹂躏，华北、华东地区的大专院校和科研机构纷纷内迁，迁入华西坝的各大高校的生物系都被安排在嘉德堂，时任华西协合大学生物系主任的张明俊先生给予了他们无私的帮助。嘉德堂的教室、实验室、办公室和储藏室总计40余间，在校方的合理安排下，6间教室和实验室公用，使内迁学校得以迅速恢复教学，从而为中国保存并培养了一批享誉国际的科技精英。

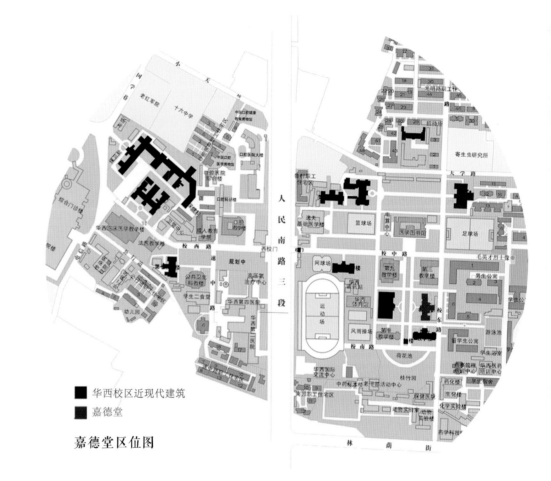

■ 华西校区近现代建筑

■ 嘉德堂

嘉德堂区位图

嘉德堂全景图

◎嘉德堂设计原稿

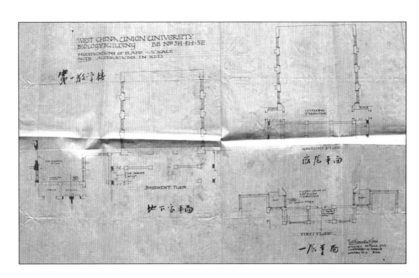

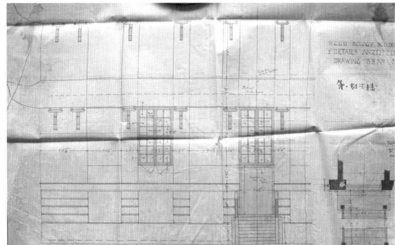

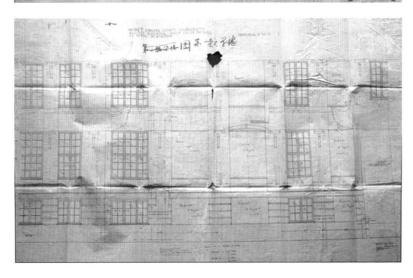

嘉德堂屋顶神兽

　　嘉德堂平面呈"H"型，中轴对称，屋面为四个歇山体块的组合，左右正脊相交，屋面升起九个老虎窗采光，一层为半地下室，二层设披檐。正中为典型的中式木构牌坊式门楼，由四根大红圆柱支承，柱子端头有木刻鹦鹉形状斜撑；正中开间有一组花草纹雀替，檐口造型呈波浪形；两次间分别由穿插枋相连，形制颇有日本鸟居风格。门楼台阶置红砂石栏杆，每根望柱上均雕刻有一条盘龙，石栏板上刻有中国传统祥云图案。嘉德堂正脊上设置了两组脊饰，以门楼对称，每组为两只怪异蜥蜴状吻兽咬住一团火的形象，有镇邪防火之意。屋顶交接处设排水沟，并置有变形神兽反趴。檐下有变形斗拱，檐口为火链圈形式。

　　嘉德堂主入口楼梯分为两段，前半段从室外地坪连接门楼平台，在大门处又设有引入二层平面的楼梯，这种在入口处内外均置有楼梯的做法是典型的"英国市政厅式"建筑设计手法。嘉德堂中部为办公区域，两端和后部为教学区、实验区，办公区正中为主要垂直交通空间，设有一部木质楼梯，20世纪80年代在旁侧加建了一个小型的提升机井道。房间布局严谨有序，强调中轴对称，遵从西方石砌建筑的内部空间逻辑。

　　嘉德堂周边绿树成荫、亭亭如盖，且临近中轴线水道，水道内植荷花，又着假山、松柏，颇具中国古风。嘉德堂是中国早期教学、实验和解剖室的开先河之作，以中西合璧式建筑的独特魅力，写就了中国近现代史上东西方文化交流的灿烂诗篇。

嘉德堂屋顶脊饰

嘉德堂屋脊吻兽

嘉德堂主入口

嘉德堂大门木刻雕饰

嘉德堂檐下变形斗拱

◎ 嘉德堂正立面水彩图

比例　1:150

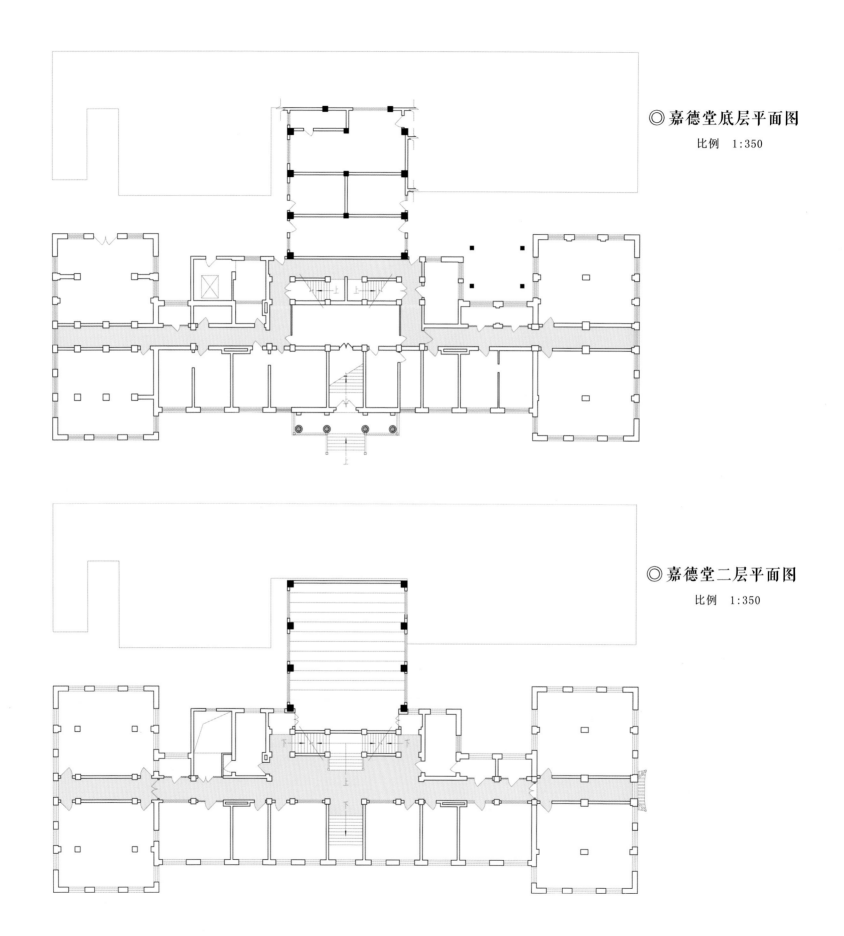

◎ **嘉德堂底层平面图**

比例 1:350

◎ **嘉德堂二层平面图**

比例 1:350

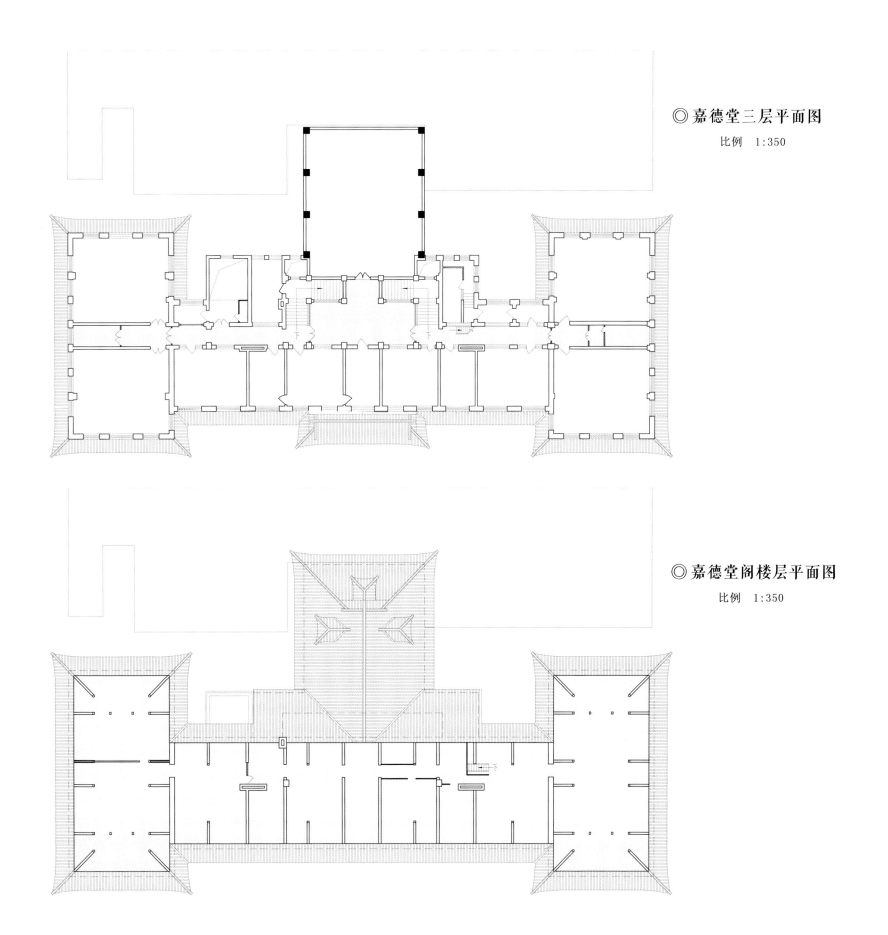

◎嘉德堂三层平面图

比例 1:350

◎嘉德堂阁楼层平面图

比例 1:350

◎ 嘉德堂侧立面图

比例 1:150

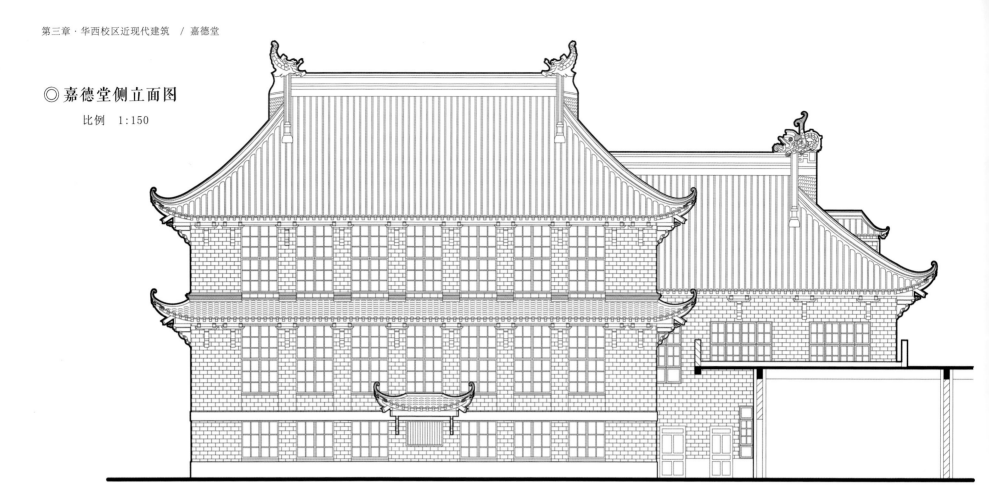

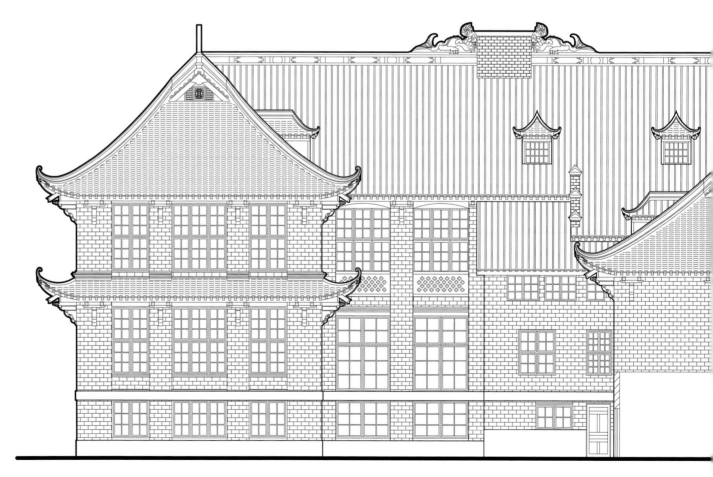

◎ 嘉德堂剖面图

比例 1:150

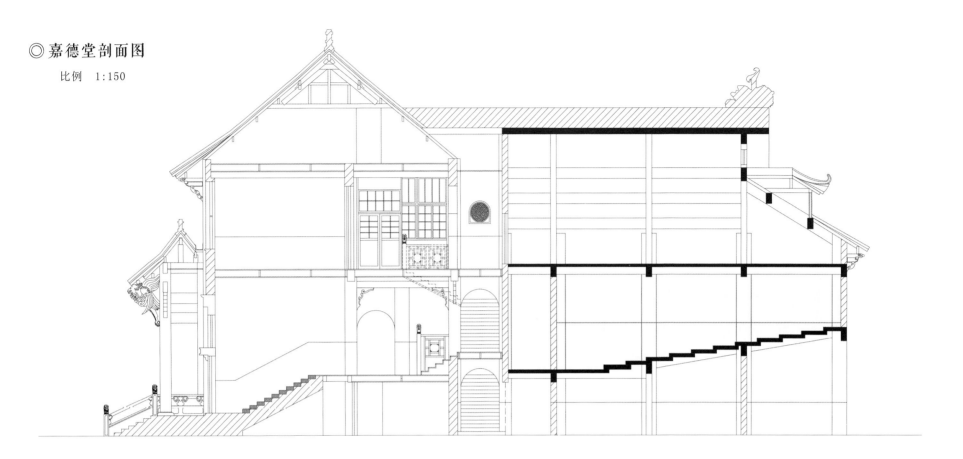

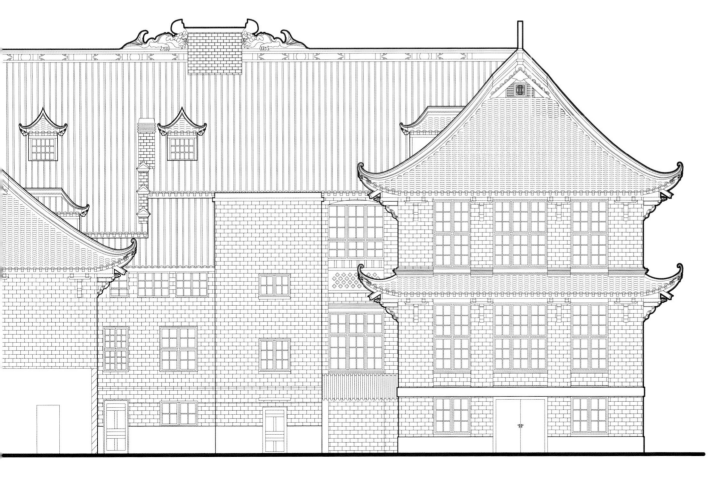

◎ 嘉德堂背立面图

比例 1:150

YI DE TANG

懿德堂

华西校区

懿德堂

建于1939—1941年

建筑面积4532平方米

化学教室、化学实验室

◎懿德堂

懿德堂，即四川大学华西校区第二教学楼，英文名为Stubbs Memorial Building，位于四川大学华西校区东区中部，毗邻钟楼，与华西校区第一教学楼（嘉德堂）隔水相望，建筑面积4532平方米。

懿德堂于1939年动工，1941年竣工，属于校园内较晚修建的建筑之一。1937年抗日战争爆发，为躲避日本侵略者的迫害，保存国家科技实力，战区大学纷纷内迁，位于大后方的华西协合大学接纳了多所大学，并在此开启了联合办学模式。当时华西协合大学倾尽全力为各校提供办学条件，联合办学的方法解决了教学资源短缺的问题，但教学场地仍旧严重不足。在得到了美国"中国基督教大会联合理事会（UBCCC）"的资助后，内迁华西坝的金陵大学、齐鲁大学、金陵女子文理学院及东道主华西协合大学联合出资修建了懿德堂，四校共同约定该楼由各校化学系及化工系合用，战后归华西协合大学所有。为了纪念1930年在华西坝遇害的华西协合大学英籍副校长、化学教授苏道璞（Clifford M. Stubbs），懿德堂又被命名为苏道璞纪念堂。

抗日战争结束前后，华西协合大学又聘请吕锦瑗女士、张铨先生来此任教，培养了一批为祖国复兴做出杰出贡献的人才，懿德堂成为四川省内外著名的大型化学教室和化学实验室之一。

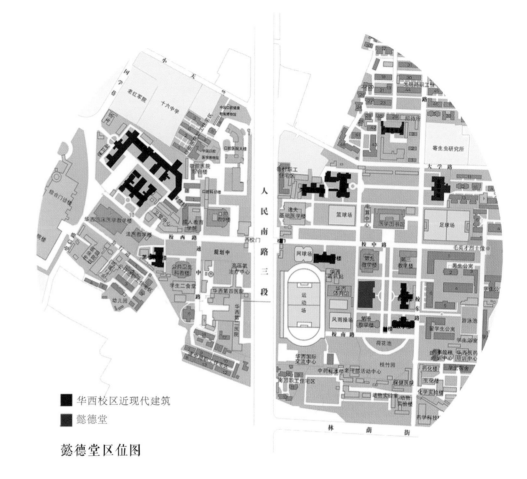

■ 华西校区近现代建筑
■ 懿德堂

懿德堂区位图

懿德堂主入口

懿德堂歇山顶

懿德堂正立面

懿德堂檐下雕刻

懿德堂门厅望柱

懿德堂处于校园轴线一侧，与嘉德堂相对而立，为了保持立面形象的统一，建筑形制酷似嘉德堂，青砖青瓦，间以红柱、红色封檐板、绿色窗框，与其相互呼应。但立面装饰与细部构造都甚为简化，屋顶翼角起翘也趋于平缓，正脊无脊兽，二层不设腰檐，反映了在时代背景下，建筑由繁至简的趋势。

懿德堂入口中式牌楼在空间构图上打破了水平线的冗长无趣，斜撑雕刻鹦鹉形象，雀替花草纹，中式黄色描边，牌楼的正脊上以黑白相间的抹灰作为装饰，并点缀着绿色叶形纹样。吻兽则将中国传统的鸱尾改为绿身黄背蜥蜴，白齿红口。入口门廊的望柱饰有无角盘龙。檐下用三角形斜撑上加了两个升来托住挑檐桁，模仿中式斗拱。

懿德堂虽由多个高校联合主持修建，相比于华西坝第一批教育建筑，其建造时间晚了接近20年，但是无论在建筑风格、装饰元素还是建筑材料、空间布局上，懿德堂都是对最早一批华西坝建筑的继承与发扬，可见当时的建筑师对华西坝建筑风格的尊重以及传承，这种中西合璧的建筑无论在当时还是在现在都有着相当高的历史和艺术价值。

懿德堂屋顶神兽

懿德堂门厅栏杆

懿德堂木格窗

懿德堂门厅封檐板

懿德堂檐下雕刻

◎ 懿德堂正立面水彩图

比例 1:150

◎ 懿德堂底层平面图

比例 1:350

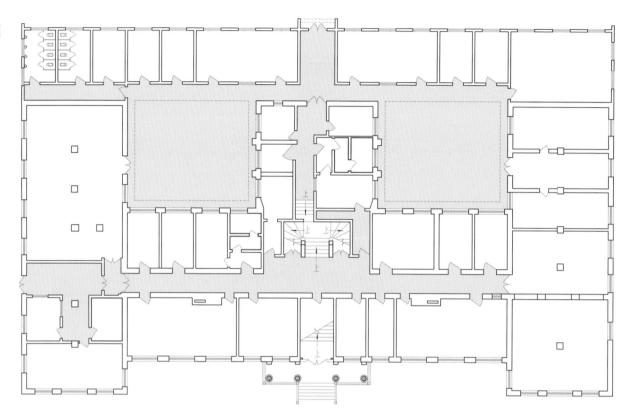

◎ 懿德堂二层平面图

比例 1:350

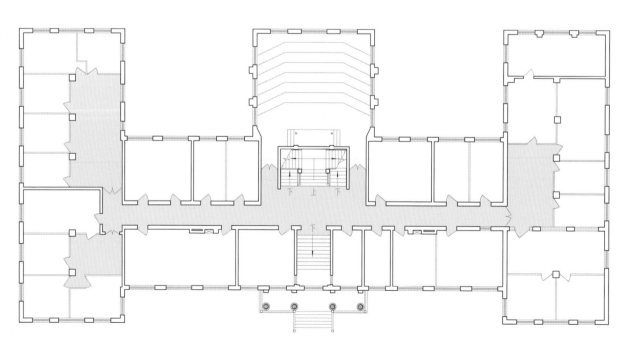

◎ **懿德堂三层平面图**

比例 1:350

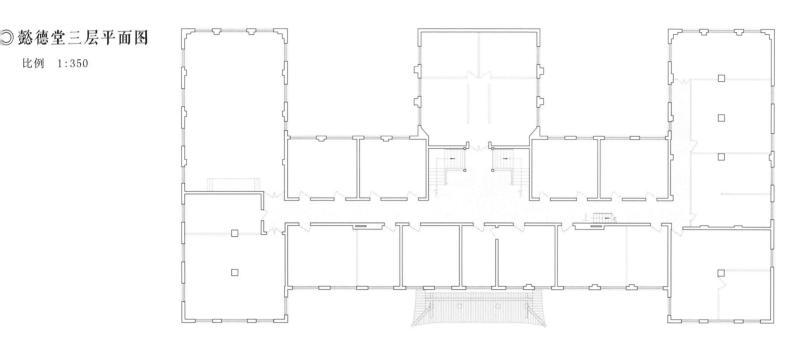

◎ **懿德堂剖面图**

比例 1:150

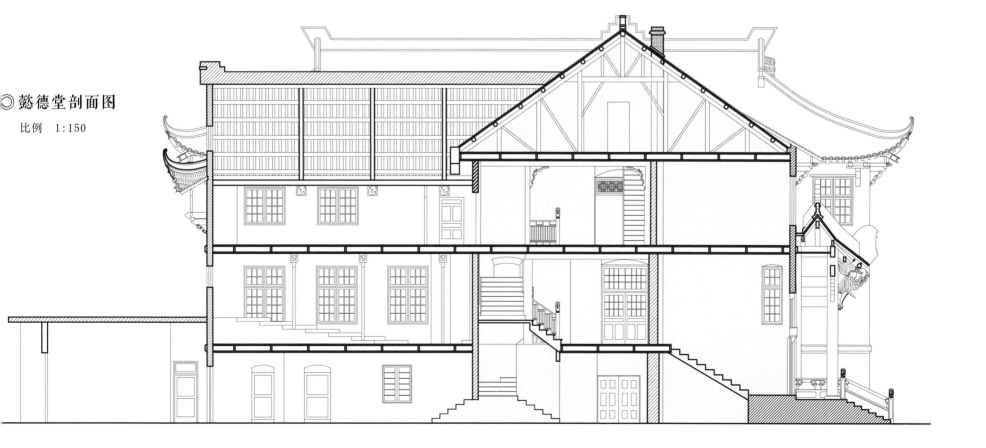

四 川 大 学 近 现 代 建 筑

HE DE TANG

合 德 堂

—— 华西校区 ——

合德堂

1915—1920年

成都美国海外留学中心

◎合德堂

合德堂，即四川大学华西校区第四教学楼，英文名为The Hart College，位于四川大学华西校区东区西部，由加拿大美道会捐建，为纪念最早到中国西南地区传教的美国人赫斐秋（Virgil Chittenden Hart）所建，故又名赫斐院。20世纪初，加拿大美道会传教士来四川开设了成都第一家西医诊所，同时他们还带来了西式印刷机，在四川最早使用先进印刷技术出版书籍。赫斐秋带领加拿大美道会传教士远渡重洋来到成都，使加拿大美道会成功在中国行医和传教。

合德堂建成后为华西协合大学理学院教学楼，是西南地区最早培养理科人才的地方。而后，合德堂被用作物理系、数学系、农学院和宗教系教室。1921年，华西协合大学牙学院迁入合德堂，该楼成为华西协合大学牙科楼。中国高等口腔医学教育肇基于斯，薪火相传，辉煌百年，是华西口腔作为中国现代口腔医学的发源地和摇篮的见证，凝聚了一个时代华西口腔人的记忆。合德堂现为成都美国海外留学中心使用。

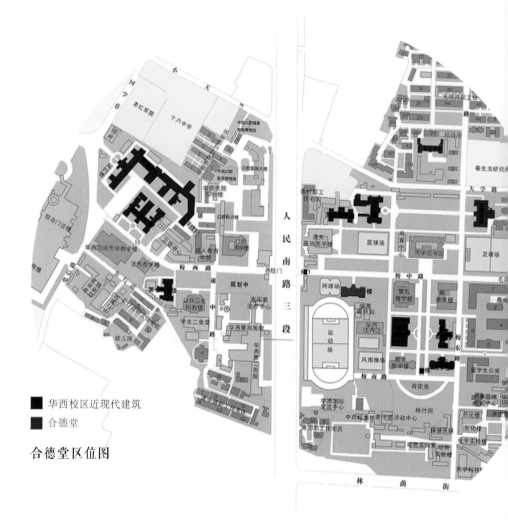

■ 华西校区近现代建筑
■ 合德堂

合德堂区位图

合德堂旧照

合德堂正立面

合德堂檐口

合德堂于1915年动工，1920年建成，是华西校区中建成时间相对较早的一批建筑。抗日战争时期，为躲避日本侵略者的迫害，华北、华东地区的大专院校和科研机构纷纷内迁，齐鲁、燕京、金陵等著名学府齐聚华西协合大学。在这个国难当头的特殊时期，合德堂作为联合办学的教室接纳了来自五湖四海的学生、教员。

合德堂是华西坝老建筑群中除钟楼外最高的建筑，通高49米，青砖墨瓦，比例协调，被誉为华西坝建筑艺术的典范之一。合德堂主体建筑有三层，一层为半地下室，中部塔楼为六层三重檐四角攒尖塔式阁楼，与贵州、广西一带侗族的风雨桥造型颇为相似，强调了整个建筑的重心，突出建筑的纪念性。塔楼檐口逐层逐级向内收山，独具特色。塔楼与主体建筑的交接用披檐过渡，屋檐和屋脊上的龙凤装饰也与中国传统之龙凤纹样不太相似。门厅位于塔楼底部，入口前的两根墩柱是墓碑的形式，表示纪念意义，檐口随着门上的砖拱而起伏，手法借鉴了日本宫廷建筑中"唐破风"的形式，门厅前二段式楼梯直通主体建筑二层。

合德堂这座中西合璧式建筑是近现代历史上中国文化和西方文化碰撞交流的美妙和弦。作为一座成功融合中西方建筑语言的建筑，合德堂在如今的四川大学华西校区建筑群中仍然占据着重要的地位。

合德堂主入口

合德堂中部塔楼

合德堂檐下斗拱

合德堂细部构造

合德堂檐口构造

合德堂入口门厅

合德堂窗户细部

合德堂屋顶交接构造

◎ 合德堂正立面水彩图

比例 1:150

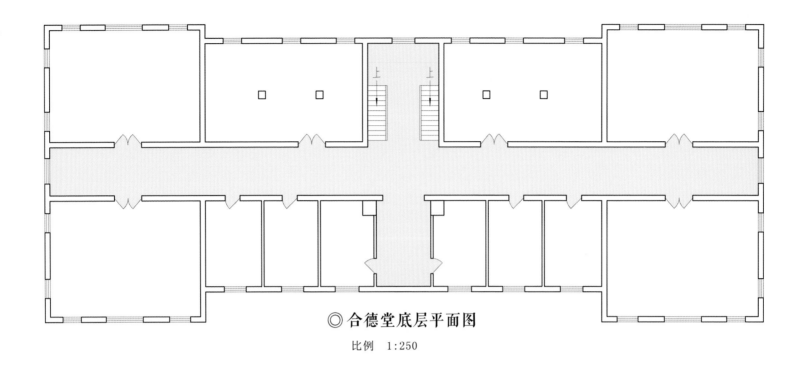

◎合德堂底层平面图

比例 1:250

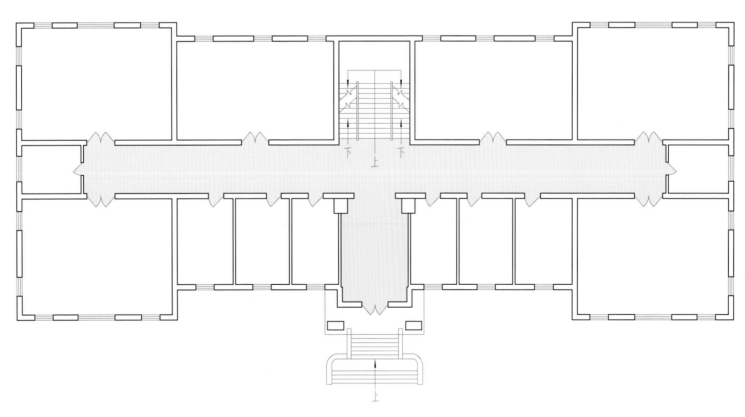

◎合德堂二层平面图

比例 1:250

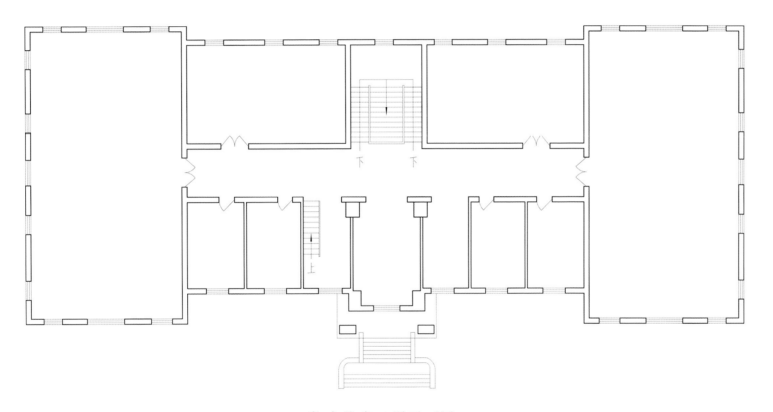

◎ 合德堂三层平面图

比例 1 : 250

育德堂

—— 华西校区 ——

育德堂

1923—1928年建东侧

1948年建西侧

建筑面积2975平方米

基础医学教研室

四 川 大 学 近 现 代 建 筑

◎育德堂

育德堂，即四川大学华西校区第五教学楼，英文名为 The Cadbury Educational Building，位于四川大学华西校区东区东北部，毗邻大学路北校门，与华西校区第四教学楼（合德堂）遥遥相对。育德堂由英国人嘉弟伯（George Cadbury）捐资修建，修建之初作为华西协合大学教育学院，因此又名嘉弟伯教育学院。

育德堂始建于1923年，1928年竣工，竣工时未按照设计图纸完成，大楼西头明显少建了一部分。1948年，时任西康省主席的刘文辉出资10亿国币修建大楼西头，使得育德堂形态体量最终完整。其间虽相隔20年，但整幢建筑浑然一体，其中式拱门和飞檐翘角无不衬托出育德堂雄浑灵动的气势，西头部分细节装饰相比于东头更加简洁。

育德堂现为四川大学华西医学中心的基础医学教研室，该楼不仅始建时间早，历经沧桑，其本身修建过程也是几经波折，修建时间跨度大，期间还历经维修翻新以及内部功能改造，但建筑整体外观形象基本完整。

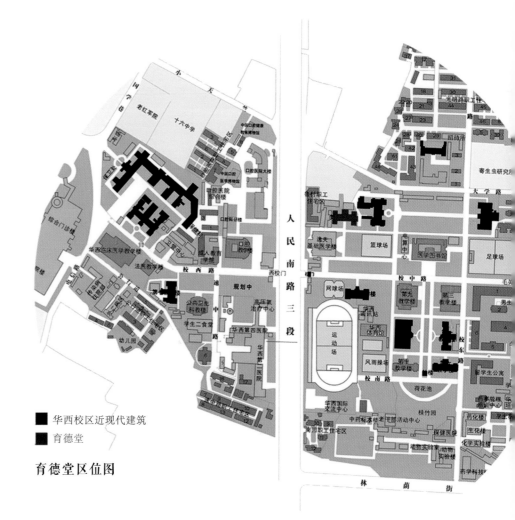

■ 华西校区近现代建筑

■ 育德堂

育德堂区位图

育德堂旧照

育德堂正立面

育德堂主入口

育德堂为三层砖木结构，小青瓦坡屋面，建筑面积2975平方米，总长度53.3米，总宽度30.8米。建筑整体轴线对称，内部空间变化不多，遵循西方砖石建筑构建方式。

育德堂主入口前置门楼，由西式半圆形拱券门构成，台阶为中式垂带踏跺式。屋顶为歇山三重檐，入口处将山墙面扭转，作为正立面，并借鉴了一些日本传统建筑的处理方法。在屋顶的装饰上，育德堂不如华西其他建筑的装饰繁复，但在细节上也是下足了功夫。由于建筑师对中国文化的推崇和考察，育德堂在很多方面留下了中国文化的烙印与痕迹，例如，在歇山式屋顶的垂脊上绘有太极图案，而在戗脊上则雕有类似如意的纹样；挑檐的端头有龙形饰样和三瓣花；底层以及二层屋檐的斗拱是从墙体上直接挑出的简化一斗三升结构，给人以神秘古朴的东方美。整个建筑的色彩相当丰富，两坡屋顶、四坡屋顶、攒尖顶以及腰檐运用自如，屋脊、飞檐上点缀经过建筑师改造的奇异的蜥蜴、龙凤、鱼虫和花鸟，生动有趣。

育德堂高大宽敞、恢宏大气，周围道路宽阔平坦，林木整齐，绿树成荫。与当年成都城内穿斗木构、狭窄破旧的木板土墙平房相比，育德堂尤具西洋风情，而其青砖黑瓦，间以大红柱、大红封檐板，清一色的歇山式大屋顶的中式风格也是华西坝中西文化交融的印证，集东西方和谐与统一的美感于一身，展示了中西合璧的文化价值。

育德堂屋顶脊饰

育德堂各层檐口

育德堂窗户细部

育德堂檐口构造

育德堂屋顶构造

育德堂鸟瞰图

◎ **育德堂正立面水彩图**

比例 1:150

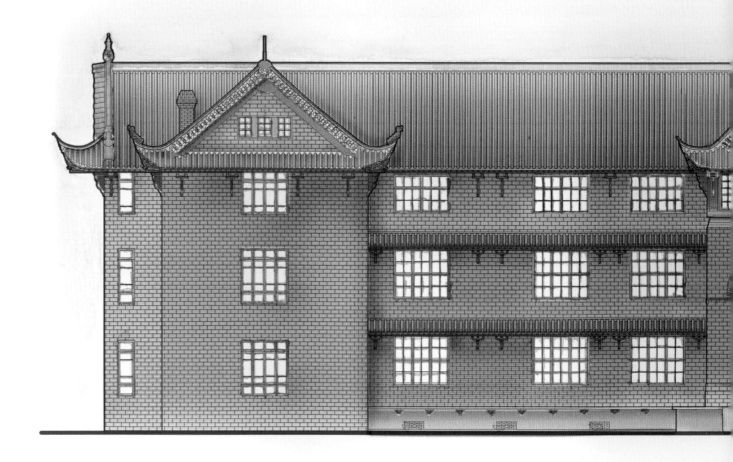

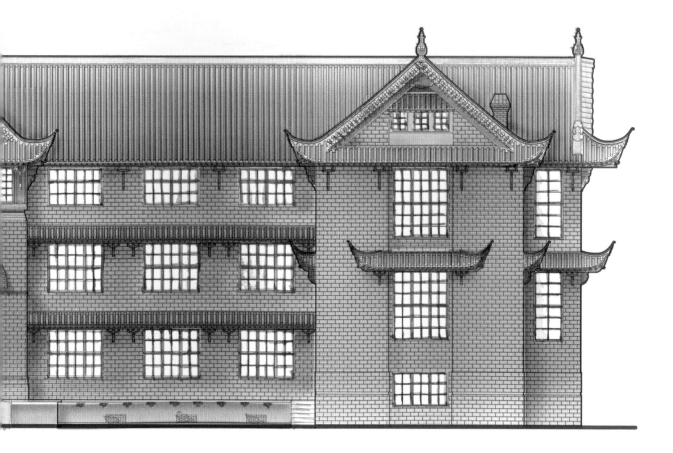

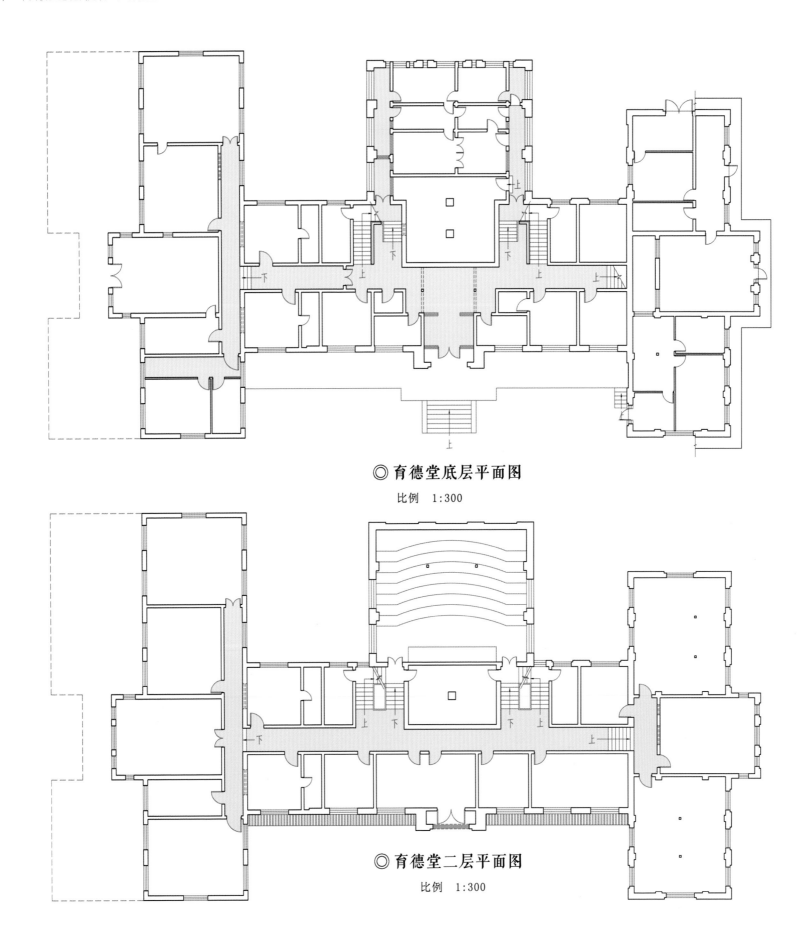

◎育德堂底层平面图

比例　1:300

◎育德堂二层平面图

比例　1:300

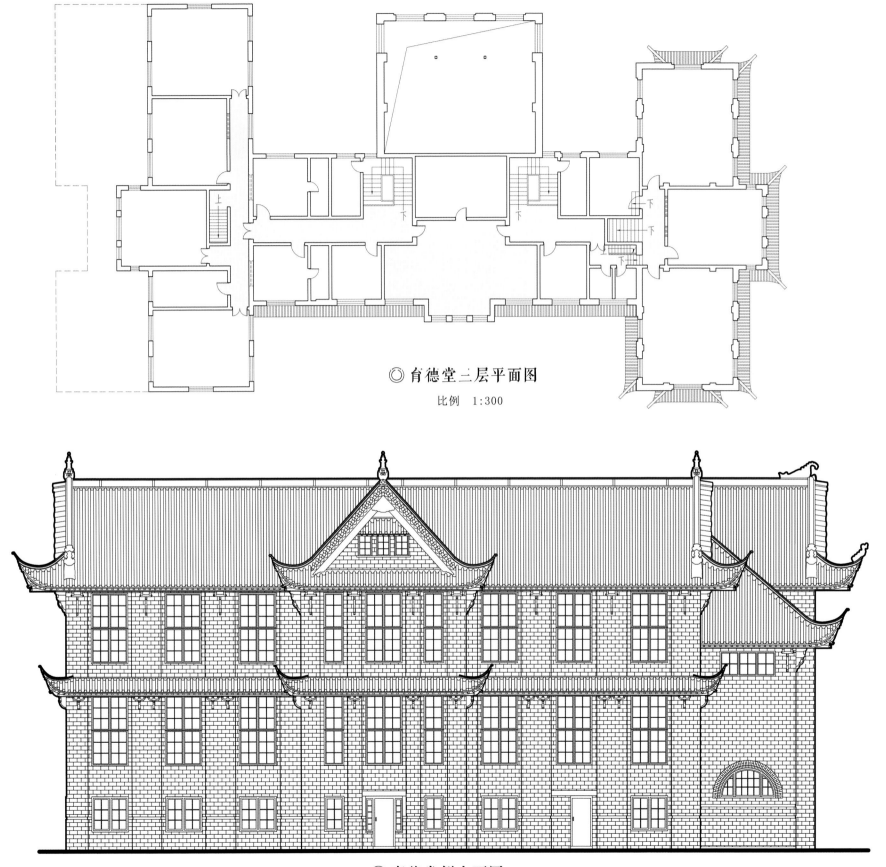

◎ 育德堂二层平面图

比例 1:300

◎ 育德堂侧立面图

比例 1:150

◎ 育德堂剖面图 A

比例 1:150

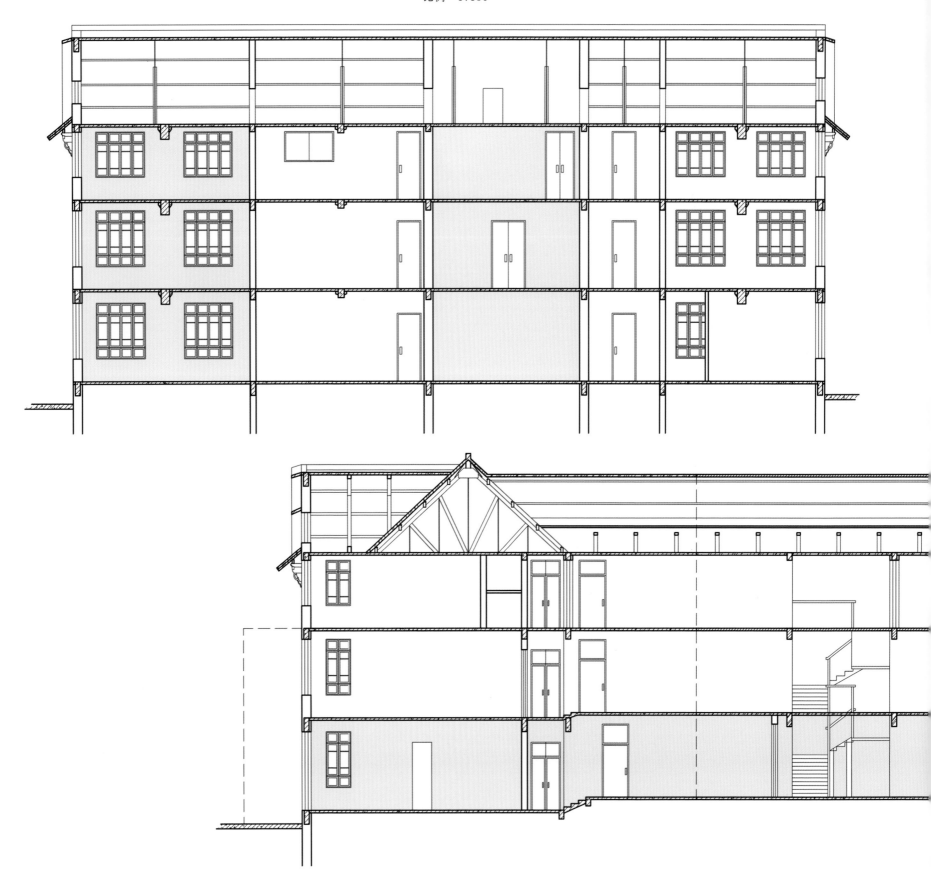

◎ 育德堂剖面图B

比例 1:150

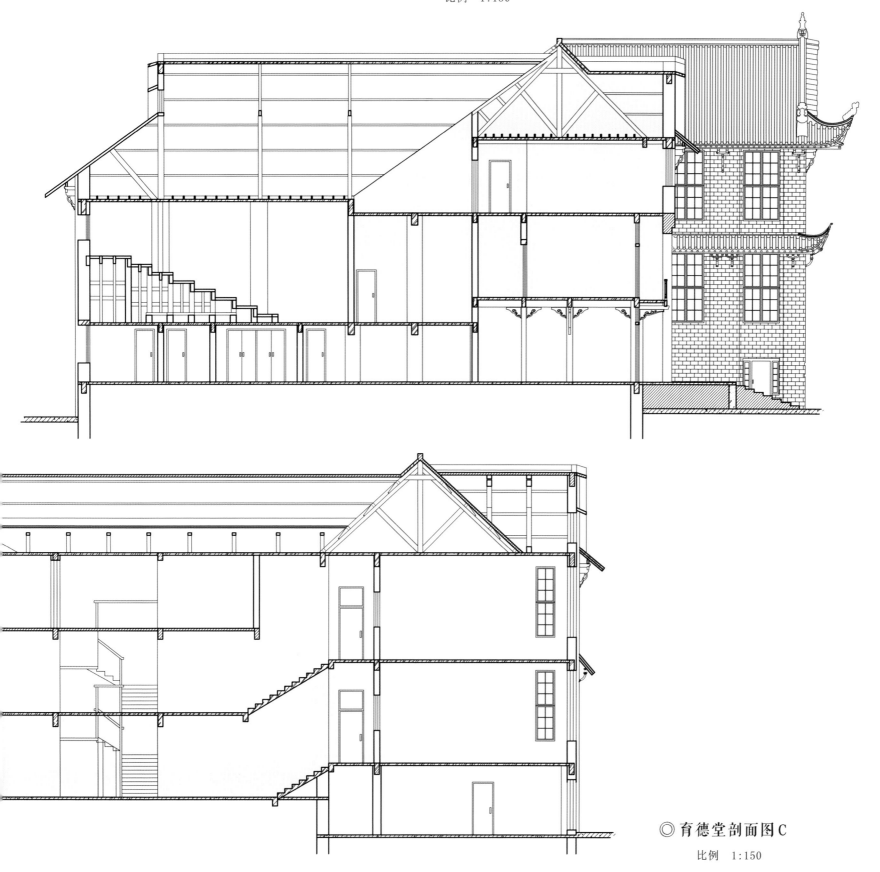

◎ 育德堂剖面图C

比例 1:150

萬德堂

华西校区

万德堂

建成于1920年

建筑面积2593平方米

药学系办公和实验用房

四川大学近现代建筑

◎万德堂

　　万德堂，即四川大学华西校区第六教学楼，又名万德门、明德学舍，英文名为The Vandeman Memorial，建成于1920年，系美国印第安纳州浸礼会万德门夫妇捐建，总建筑面积2593平方米。万德堂建成后即为教学楼和学生宿舍，早年华西师范学校亦设于此。

　　万德堂建成时位于华西协合大学西部，即今人民南路，被誉为华西坝上最具"生命活力"的建筑。建筑前有很大一片广场，学校的庆典活动及每年的毕业典礼都在万德堂前举行。1960年，由于人民南路工程的需要，把位于中轴线上的万德堂搬迁至华西钟楼东侧，一砖一瓦，均按原貌重建。由于迁建地址面积有限，万德堂背后的侧楼被去掉，楼顶上耸立的一座中国古典园林式攒尖顶圆亭也被拆除。

■ 华西校区近现代建筑群

■ 万德堂

万德堂区位图

万德堂主入口

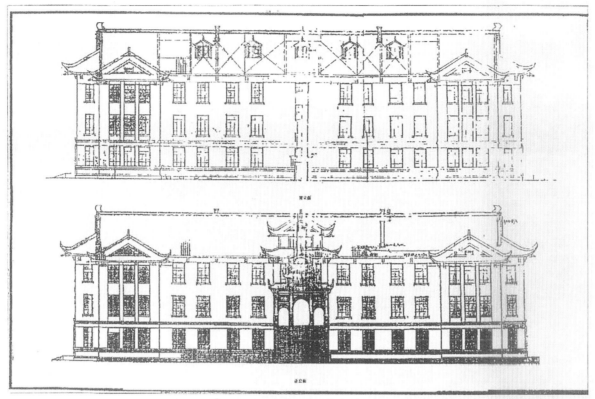

万德堂设计原稿

万德堂老照片

　　万德堂坐南向北，平面呈"H"型，万德堂为四层砖木结构，顶层为阁楼层，小青瓦屋面。主入口设在二层，通过宽大的混凝土台阶进入，大门处为三重檐抱厦。第一层仿照成都老皇城牌坊，但又作西式拱券门洞，宽敞台阶与半圆拱券相结合强调构图中心，顶覆黄色琉璃瓦，门楣和挑梁上还刻有飞翔的和平鸽、观望仙桃的白兔和昂首鸣啼的公鸡，抱鼓石上趴着4个瑞兽麒麟。第二层檐口中间做成一段向上弯曲的弧形，然后延伸下垂再起翘，模仿日本传统建筑中常用到的"唐破风"做法。这种做法不仅在中国传统正规的官式建筑中没有先例，在较为活泼自由的园林建筑、民居建筑中也未曾出现，充分反映了外籍建筑师生硬但有趣的建筑拼凑。第三层歇山顶，顶中央一匹带有翅膀的千里马正展翅欲飞。

　　建筑门窗为普通木门玻璃窗，屋脊、门楣和屋顶上有蝙蝠、狮子、鸽子、麒麟、斑马等具生命活力的彩画和灰塑，华丽的粉彩装饰格外醒目。建筑檐下出斜撑，转角檐口由于出檐复杂，从3个方向伸出斜撑来托住挑檐桁，檐口为火链圈形式。柱和墙体为青砖砌筑，灰塑屋脊。

万德堂屋顶脊饰

万德堂主入口

　　万德堂整体体量十分庄重和稳定，建筑比例适当，外形美观大方。建筑采用了多种屋顶组合手法，屋面线条流畅，立面错落有致，檐角屋脊上动物形象生动。青砖墙体、门窗、楼梯等制作规范，自然美观。万德堂采用中西合璧建筑风格，秉承了民国时期老建筑的特色，又融入了当时较为先进的建筑技术，设计者巧妙利用平面墙体布局的变化，不仅使立面线条更加丰富美观，而且增加了房间的自然采光，十分契合现代建筑绿色节能的理念。建筑主体结构稳定，使用功能完善，建筑工艺精湛，为同时期四川地区中西合璧建筑之典范。

　　万德堂现为华西药学院使用，在近1个世纪的时间里长期作为医药人才的培养场所，数万名专业人才从这里走向世界各地，成为服务人民群众的白衣天使，为中国医疗教育事业的发展做出较大贡献。作为华西坝老建筑的重要篇章，万德堂为新中国医学教育发展和建筑发展的历史实物例证，具有较高的历史价值以及艺术价值。

万德堂檐口细部

万德堂侧立面

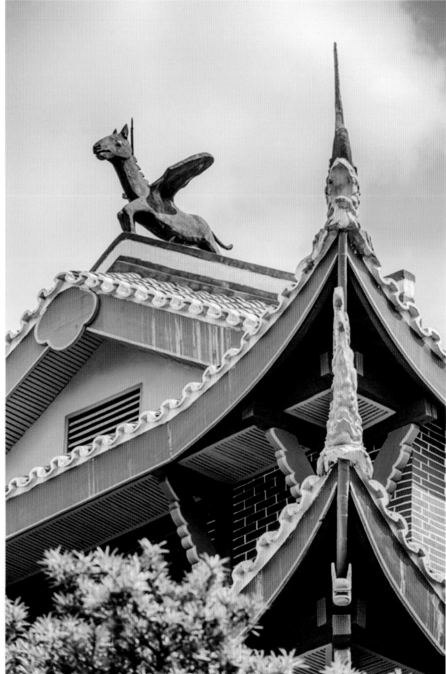

万德堂檐下斜撑

万德堂高扬的脊角

万德堂白鸽灰塑　　　　　　　　　　　　　　　　　　　万德堂白兔灰塑

万德堂正立面

◎**万德堂正立面水彩图**

比例 1：150

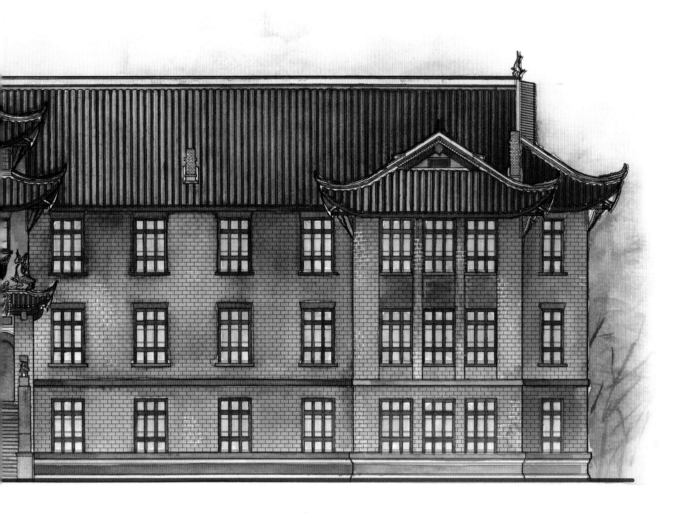

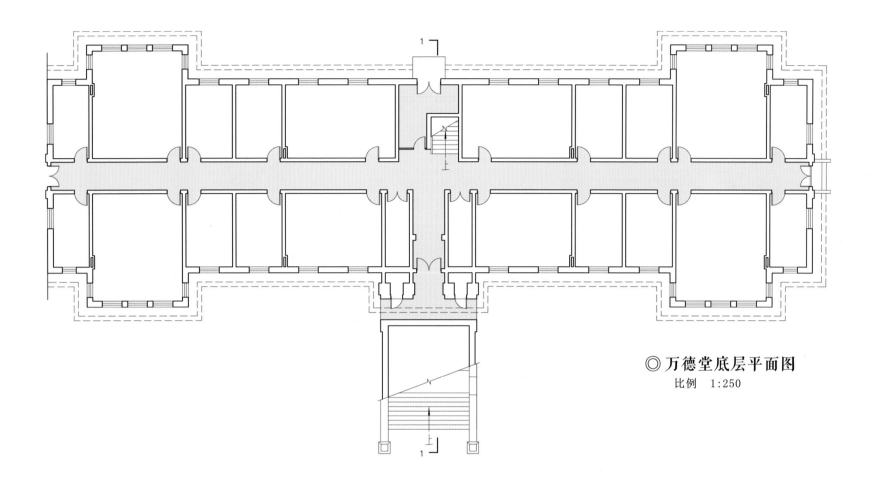

◎ 万德堂底层平面图
比例 1:250

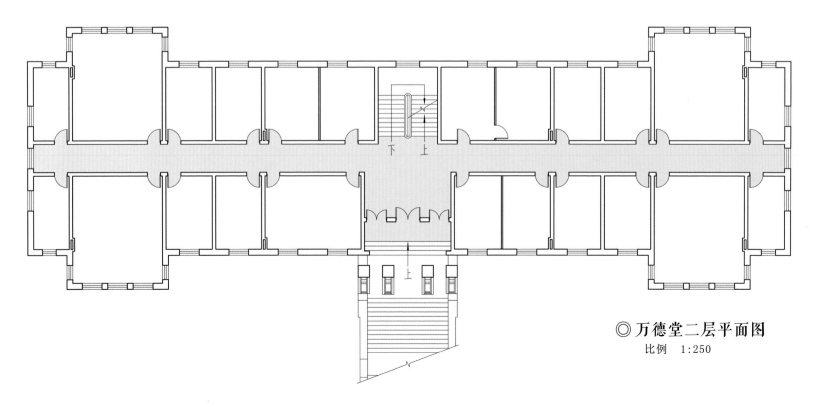

◎ 万德堂二层平面图
比例 1:250

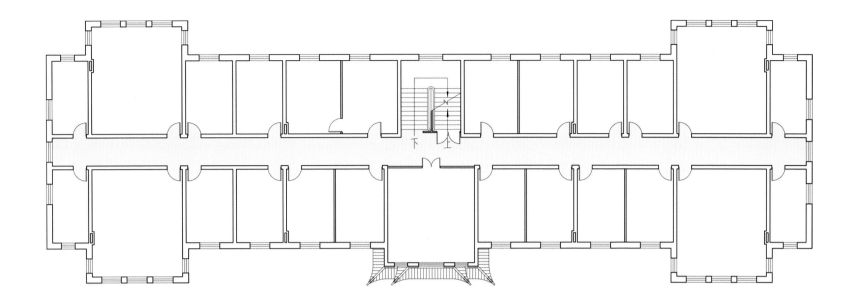

◎ 万德堂三层平面图
比例 1:250

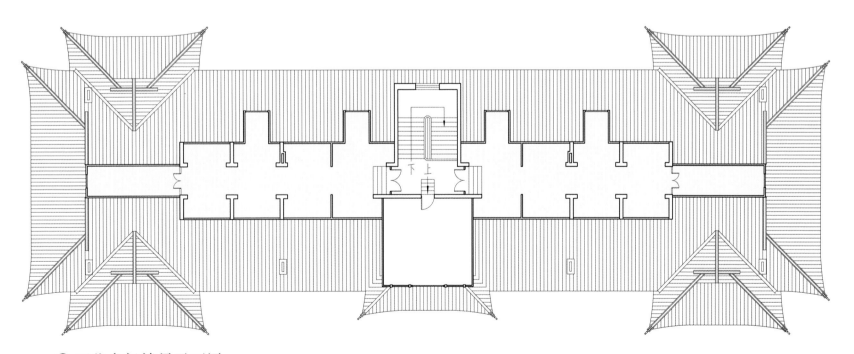

◎ 万德堂阁楼层平面图
比例 1:250

◎ 万德堂侧立面图
比例 1:150

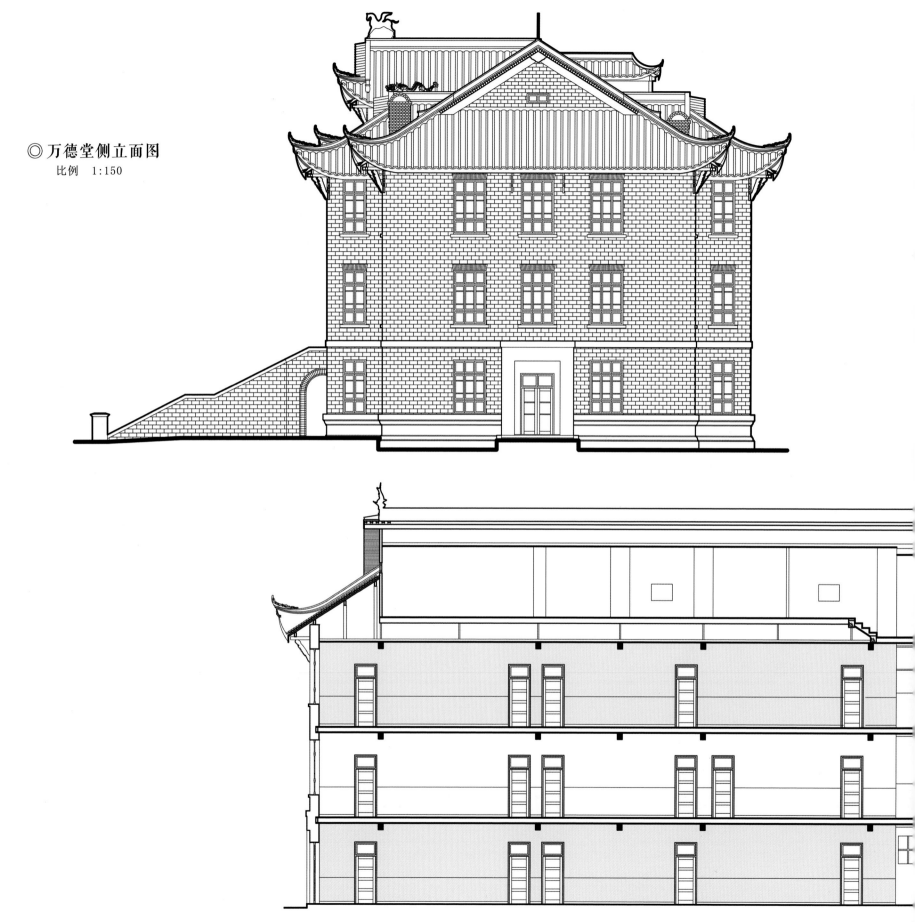

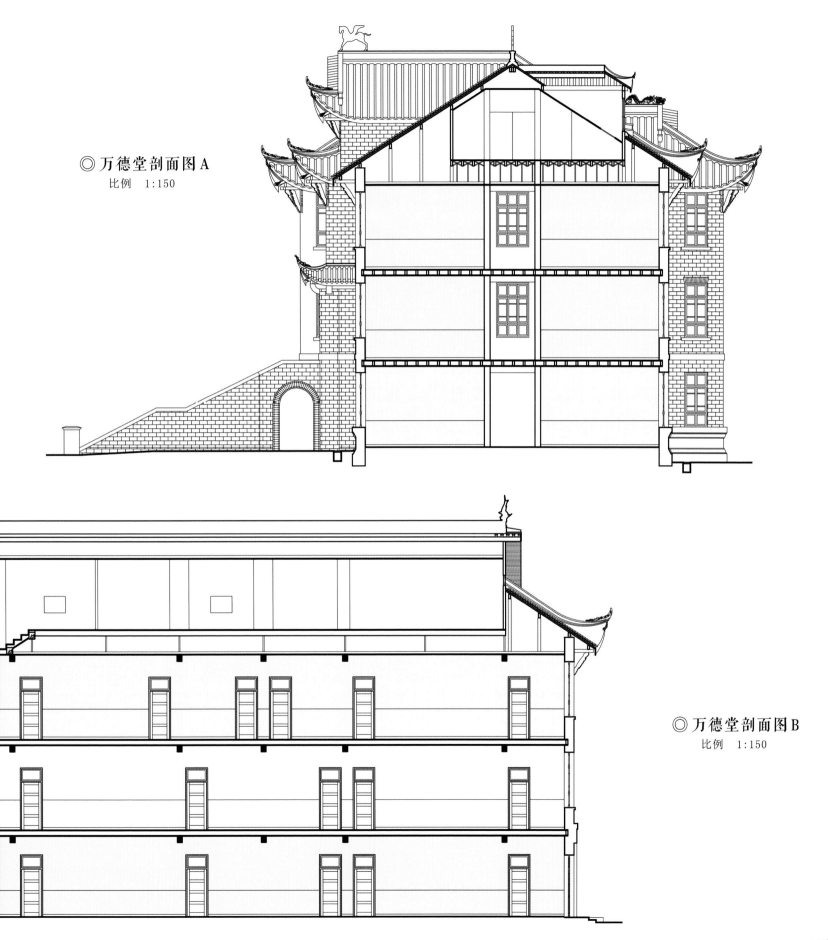

◎ 万德堂剖面图 A
比例　1:150

◎ 万德堂剖面图 B
比例　1:150

四 川 大 学 近 现 代 建 筑

ZHI DE TANG

志 德 堂

———————————— 华西校区 ————————————

志德堂

建成于1915年

建筑面积3430平方米

公共卫生学院教学办公楼

◎志德堂

志德堂，即四川大学华西校区第七教学楼，位于四川大学华西校区西区，公共卫生科教楼西侧，由英国著名建筑学家弗烈特·荣杜易(Fred Rowntree)设计。

1909年3月9日，加拿大传教会在四圣祠北街教堂后面一间房里，开办了加拿大学校，作为来四川的加拿大传教士子女寄宿读书之地，也是初到四川传教的外籍人士学习中文包括四川话的语言训练学校，当时只有5位学生。1915年，志德堂在华西坝落成后，加拿大学校从四圣祠北街迁到了志德堂，这所从幼儿园到高中的全日制学校被称为"Canadian School"，简称"CS"，翻译为"弟维小学"。当时这里有20多个加拿大孩子，他们一直在成都生活，直至1949年回国。在记录这群"CS"孩子记忆的书籍《成都，我的家》中，还有他们对成都的回忆："我们是伴随着煤油灯长大的，我们喜欢在乡间一条条小溪散步，我们也喜欢看农夫用水牛犁田、插秧和收割水稻，我们还喜欢赶场和坐茶馆。"

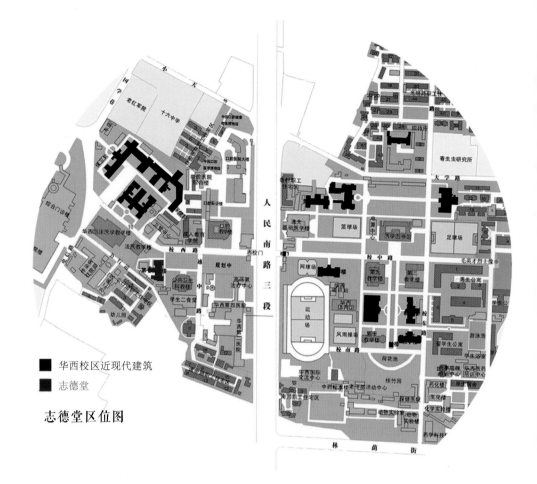

■ 华西校区近现代建筑
■ 志德堂

志德堂区位图

志德堂正立面

志德堂屋脊交接

志德堂主入口

志德堂侧院

志德堂檐口

志德堂侧楼

次入口

志德堂窗户构造

　　1917年，加拿大美道会第一批来四川的医学传教士启尔德为加拿大大学校编写了《华西初级学生中文教程》，供来川的传教士学习中文。该教材采用英汉对照，选取32个日常生活场景，如与教书先生对话、请厨师、坐轿子、换银圆等，每个场景由十多句中文组成，全书共1005句，前200句中文还用旧式罗马拼音注音并用阿拉伯数字来表示成都话的音调。启尔德在序中讲述了他学中文的经验："和老师交谈，和厨师或苦力或女佣交谈，和陌生人交谈。与同事说话，与路上的游客说话，和农民说话，与各位在旅馆和茶店的客人交谈。认真听他们说话并记下来……从一个人这里学到一个单词，或从另一个人那里学到一个短语。对我们传教士来说最欣悦的是，中国人从来没有讥笑过我们学习他们语言时出的错。"

　　1949年，加拿大传教士及子女离开成都回国后，志德堂被华西协合大学公共卫生关系科作教学办公之用，多位知名教授均在此教书育人。自1952年院系大调整后，陈志潜来到志德堂上课办公，并作为牵头人之一，创建了华西公共卫生学院。为了纪念这位"中国公共卫生之父"，志德堂最大的一间教室被命名为"志潜堂"。

　　志德堂采用中西合璧的建筑风格，一层为防潮地下室，上面两层供教学办公使用，楼正面有长长的阴台，墙体是西式拱券结构，屋顶用白铁皮覆盖，上面有壁炉烟囱和老虎窗。在之后的维修翻新中，楼层加建了一层，总建筑面积达到3430平方米，屋顶上的白铁皮被大红瓦取代，阴台也装上窗户当房间使用。

　　志德堂见证了华西公共卫生教育教学的发展，堪称中国近现代公共卫生学的摇篮，是百年名校文化底蕴的重要载体和基石，也是成都市最为重要的文化建筑和教育建筑遗存之一。

志德堂侧立面　　　　　　　　　　　　志德堂室外楼梯

志德堂方额窗

志德堂圆拱窗

◎ 志德堂正立面水彩图

比例　1:150

◎ 志德堂底层平面图
比例　1:300

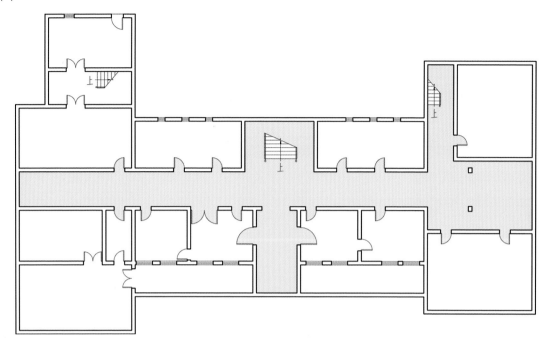

◎ 志德堂二层平面图
比例　1:300

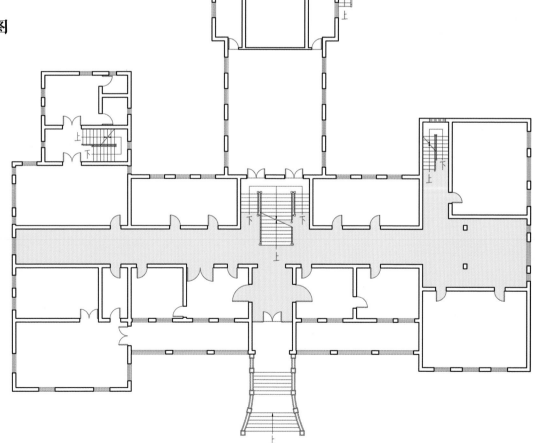

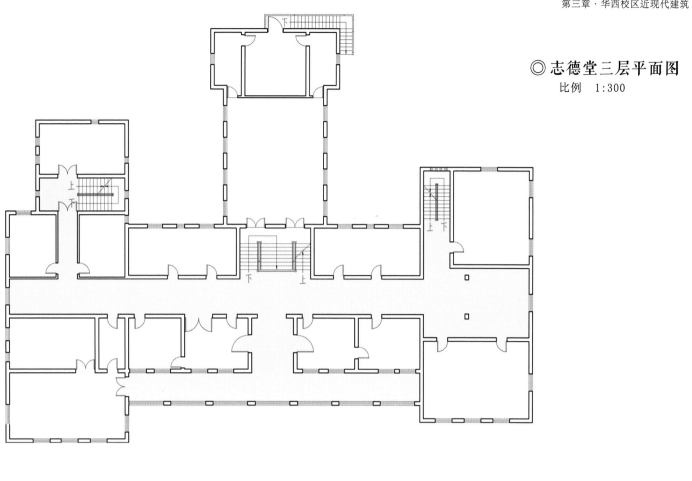

◎ 志德堂三层平面图
比例 1:300

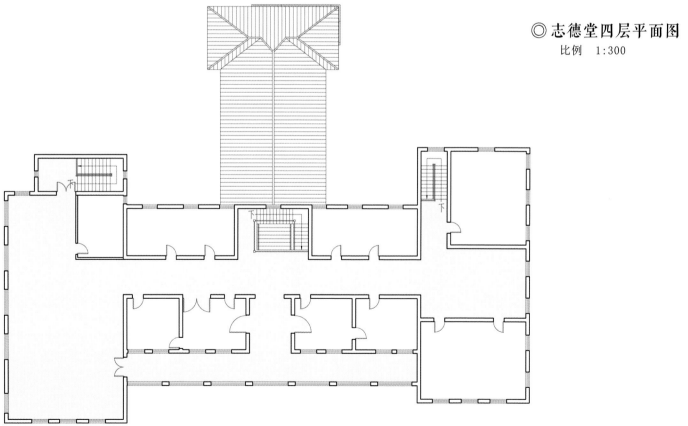

◎ 志德堂四层平面图
比例 1:300

◎ 志德堂侧立面图
比例　1:200

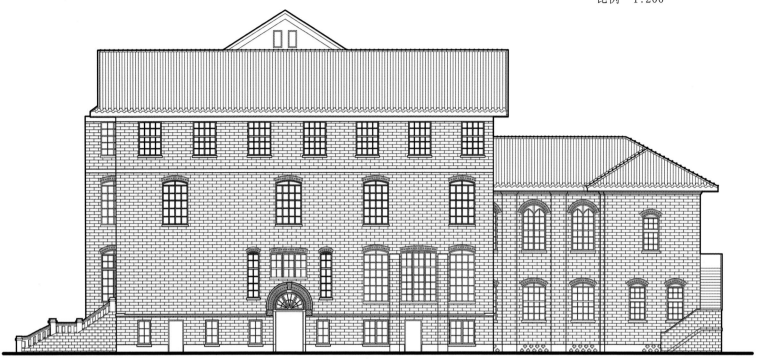

◎ 志德堂剖面图
比例　1:200

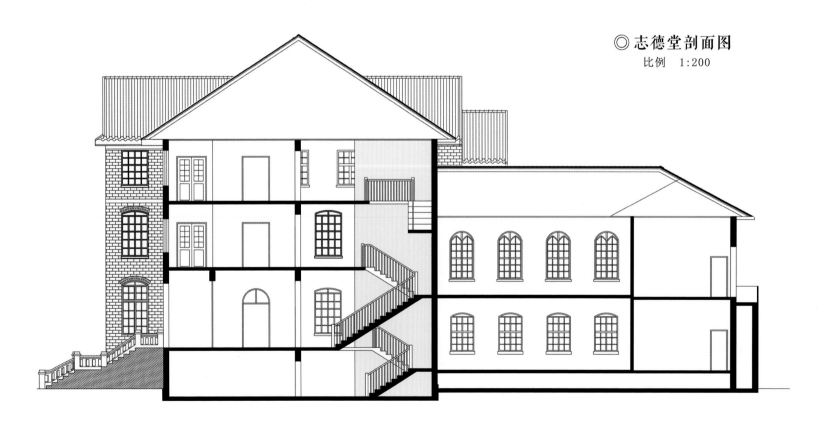

志德堂窗户细部

四川大学近现代建筑

QI DE TANG

启德堂

———— 华西校区 ————

启德堂
始建于1928年
1938年加建
临床医学院办公楼

◎启德堂

启德堂，即四川大学华西校区第八教学楼，位于四川大学华西校区西区，法医楼斜对面。启德堂是由始建于1928年的华西协合大学医牙科楼和加建于1938年连接两翼的大楼组合而成，这座体量恢宏、中西合璧风格的建筑是当时西南地区的医学教育圣地。

启德堂一期工程为两翼，由多伦多大学的美道会于1928年捐建，东翼为医科楼，西翼为牙科楼，统称为医牙科楼，大楼内有宽敞的教室和设备完善的实验室，并设有医学博物馆，收集有大量医科和牙科资料，以供教学需要，莫尔思、林则、刘延龄等为博物馆开展了长期的收集工作。1938年，在接受了美国中华医学基金会的资助之后，学校将两翼大楼相连修建了华西临床医学院大楼。此后，经过了一系列的改建和翻新，如今的启德堂为华西临床医学院办公大楼，临床教学功能迁至对面新建的现代化临床医学教学楼。

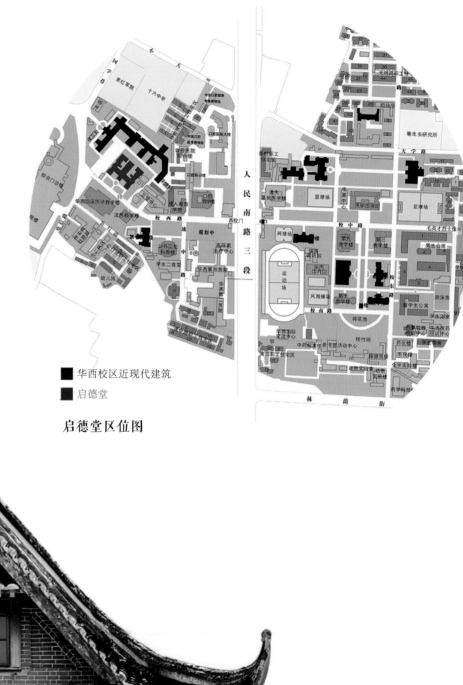

■ 华西校区近现代建筑

■ 启德堂

启德堂区位图

启德堂屋顶细部

启德堂侧入口

启德堂主入口

启德堂建筑体量组合

启德堂檐口构造

启德堂主入口正中为二段式石梯，上层石梯中部雕刻有象征中国传统文化及哲学思想的标志性图案——八卦太极图，下层石梯中部雕刻有西方医学文化的标志性图案——带翼双圣蛇神杖图，其上方希腊文"Gnosesthe ten aletheial"的英译为"You shall know the truth"，这两块石雕是华西协合大学东西方文化交融的代表，可惜遭到毁坏。

2005年9月，"八卦太极图"和"带翼双圣蛇神杖图"石雕重建工程启动。2006年工程竣工，由汉白玉雕刻而成的精美石雕再现于启德堂主入口石梯之上，并在旁树记事碑，刻有碑文《石雕记》。前车之鉴，后事之师，如当年蔡锷将军寄语华西："立国之本，曰富与教。富以厚生，教以明道……文明古国，中华是推。文明大邦，英美是师。宏唯西贤，合炉冶之……顾言华西，山高水长。"

启德堂总平面近似为"工"字形，结构左右对称，主体建筑共分四层。立面简洁干净，统一的大坡灰瓦屋顶，青砖墙身，间以大红柱、红色封檐板和绿色窗框，颇具有中国风格。屋顶翼角起翘趋于平缓，在构件的端头取消了华西最早一批建筑常用的动物装饰，色彩朴实低调。在整体的中国式外衣下，从砖制窗间墙基座、入口大阶梯和屋顶老虎窗中又透出些许西方建筑元素，屋顶亮瓦子和老虎窗的交替使用则是对内部功能和外部形式的兼顾，配合屋顶下斗拱等细小构件共同打破了水平向屋顶的单调感。建筑室内柱子采用典型的欧式风格柱式。

由于当时的建筑师对于建筑尺度、体量比例、立面构图以及细部构造的精准把握，启德堂虽修建时间跨度大，但前后风格均保持一致，并与华西原有建筑相协调。不管从历史文物价值角度还是建筑艺术的角度，启德堂都是华西建筑史上的一块瑰宝。

启德堂檐角屋脊

启德堂翼角

启德堂檐口斗拱

启德堂戗脊

启德堂老虎窗（一）

启德堂老虎窗（二）

启德堂屋顶悬鱼

启德堂斗拱细部

启德堂侧楼

启德堂侧立面

◎ **启德堂正立面水彩图**

比例 1:150

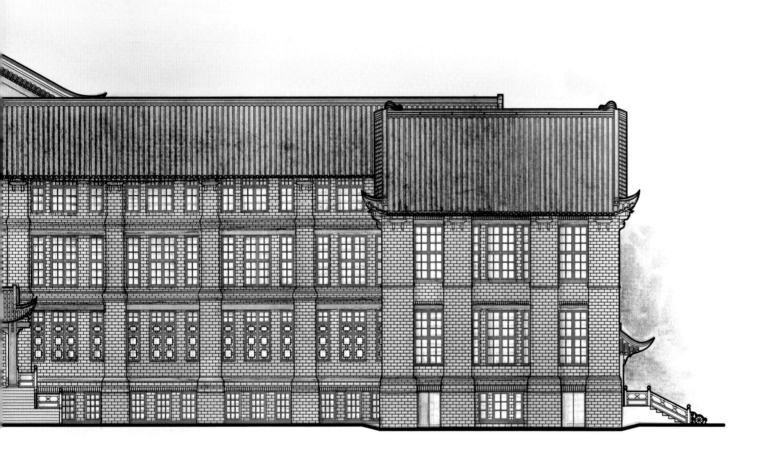

◎ 启德堂负一层平面图

比例 1:300

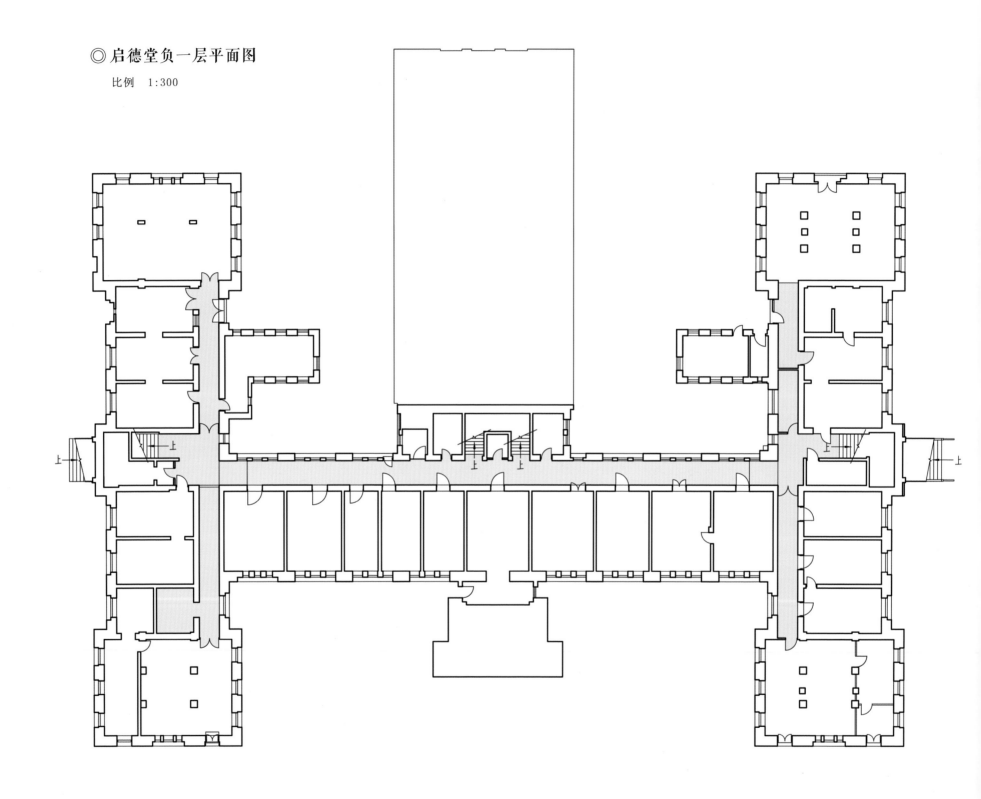

◎ 启德堂一层平面图

比例　1:300

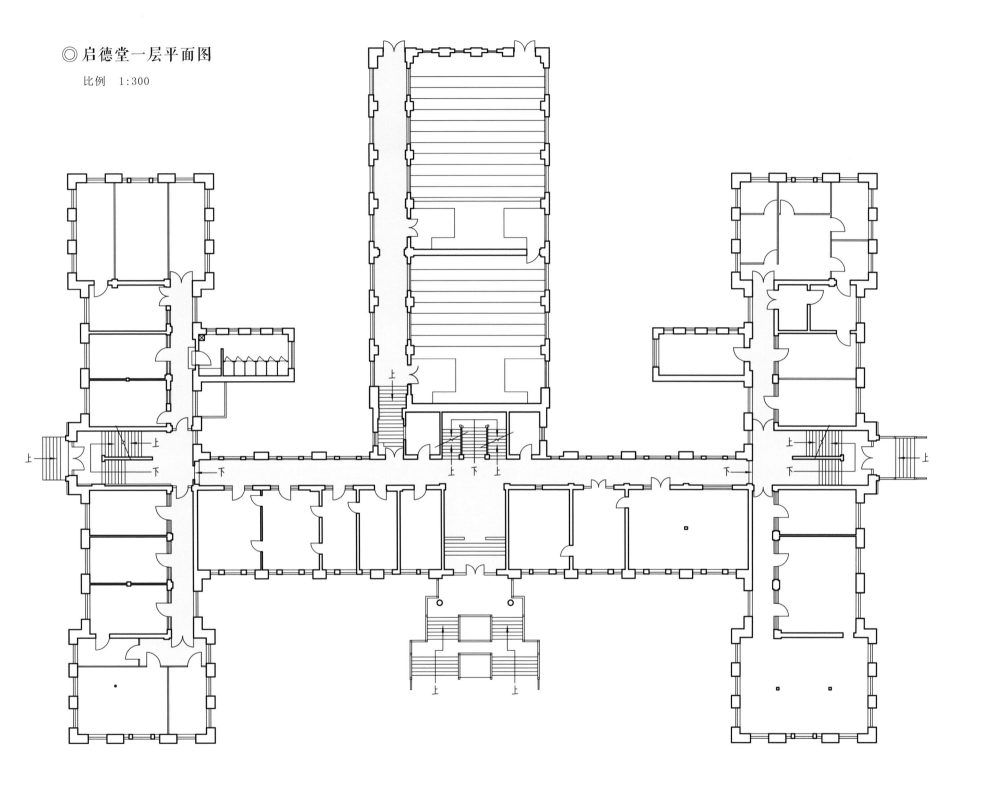

◎ 启德堂二层平面图

比例 1:300

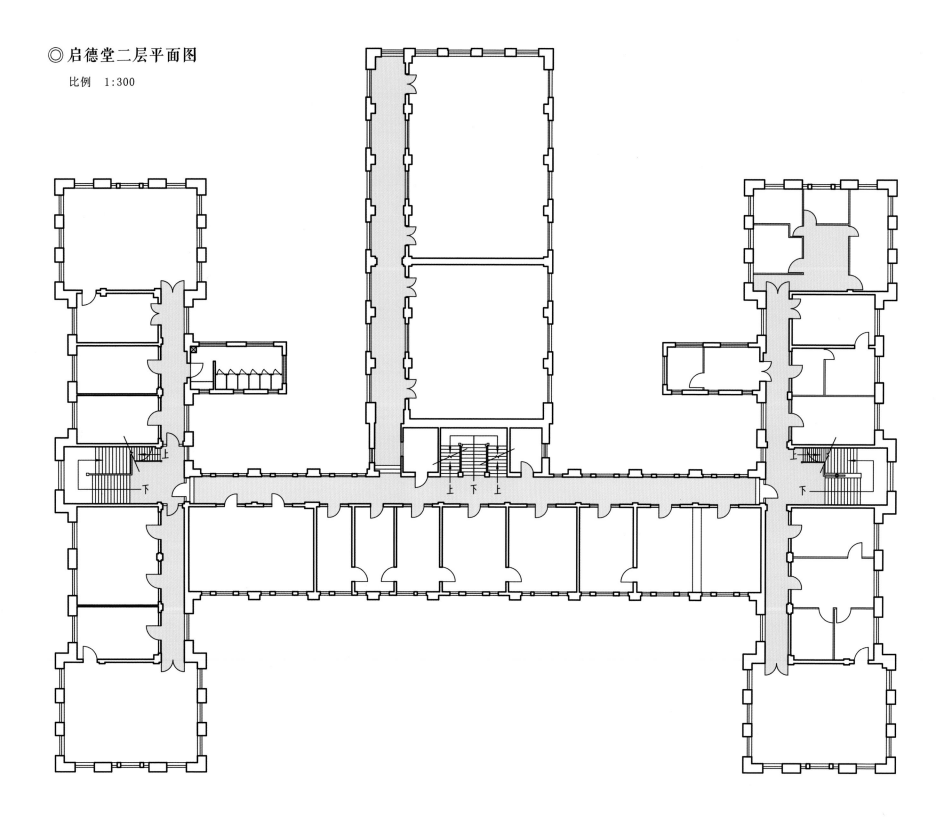

◎ 启德堂三层平面图

比例　1:300

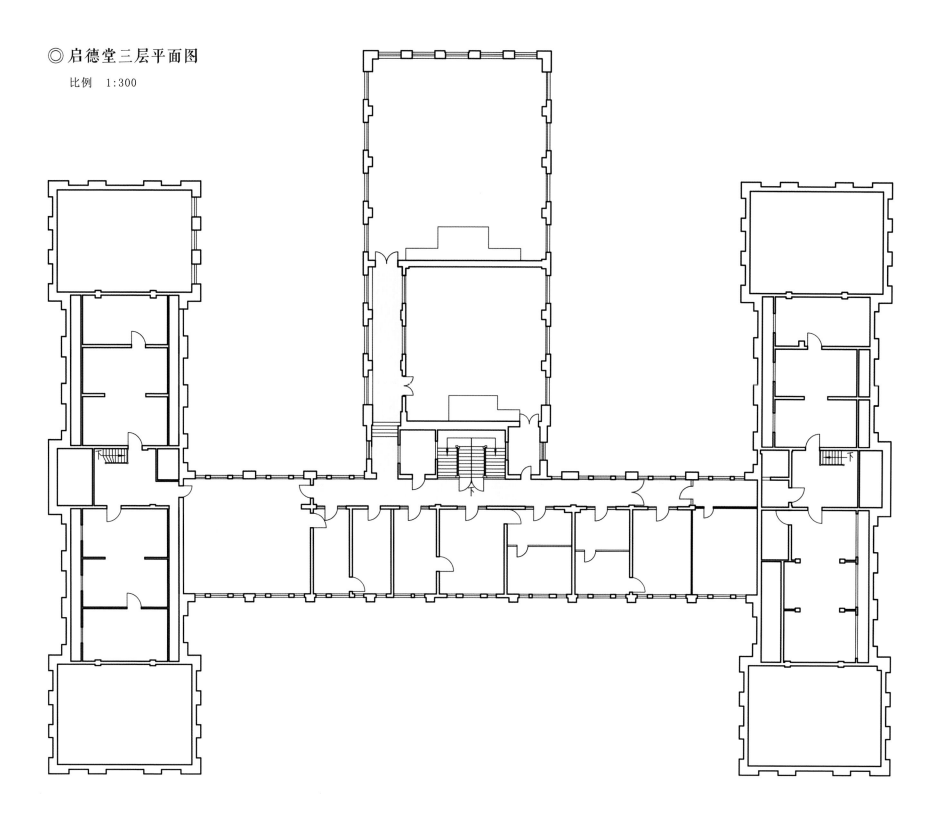

◎ 启德堂背立面图

比例 1:200

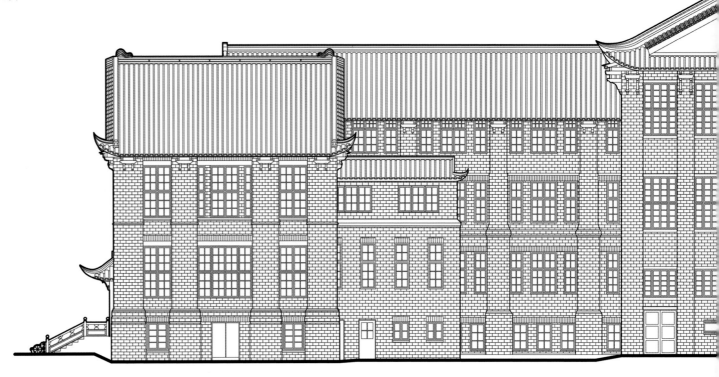

◎ 启德堂侧立面图

比例 1:200

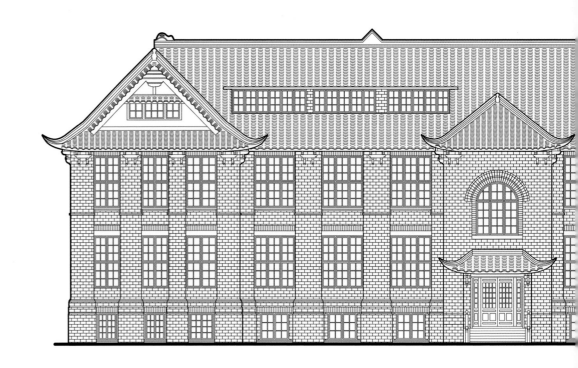

稚德堂

———— 华西校区 ————

稚德堂
建成于1925年
建筑面积5700平方米
华西幼儿园

四 川 大 学 近 现 代 建 筑

◎稚德堂

稚德堂，英文名为"Friends' College Building"，又名广益大学舍，位于四川大学华西校区东区之北，与原华西协合大学本部隔马路相对。稚德堂建成于1925年，由英国公谊会亚兴氏捐建。

稚德堂建成之初为文学院中国文学系教学楼及学生宿舍，占地面积6132平方米，建筑面积5700平方米。1939年，华西协合大学得到哈佛燕京学社资助，筹建中国文化研究所于稚德堂，研究中国宗教、考古、史学、人类学、语言学等。彼时正值抗日战争时期，为躲避日本侵略者的迫害，战区院校纷纷内迁，钱穆、陈寅恪、顾颉刚、潘光旦、张恨水、梁漱溟等一批名震学界的泰斗来到稚德堂办学，为全国保存了一批科技精英和文化人士；诺贝尔文学奖得主海明威、杰出科学家李约瑟等海外名流也前来稚德堂讲学。

稚德堂旁侧还建有一小巧的八角亭，后面是教师住宅，其中有数栋洋房。1944年中华文化大师陈寅恪一家来此授教，就曾搬到稚德堂后一座小洋楼的一楼住宿。周围环境清幽，楼前有十多株梅树，梅花盛开时香气袭人，在此教书20多年的林思进先生还写了一首《过华西广益院看梅作》："中园旧说梅林胜，今日梅花双作林。尚缓邀头送芳骑，早惊偷眼下霜禽。照天香雪真成海，满地虬龙会自吟……"

稚德堂建筑风格中西合璧。屋顶为中式歇山顶，青砖灰瓦，下带披檐。正脊两侧有经西方建筑师改造的吻兽鳌鱼，口露獠牙，鱼尾红绿相间，朝天竖立，样貌古怪但也颇有趣味。正脊中部宝瓶则绕以双层莲花，而莲瓣的样式则有些许西方味道。建筑主入口为木牌坊门楼，檐口略带弧形上曲，有传统的吻兽、宝瓶、套兽作为装饰，样式与屋顶正脊相近，门楼正中前置19级的台阶强调入口。稚德堂背立面屋顶上的8个老虎窗和2个烟囱是西方元素的体现。

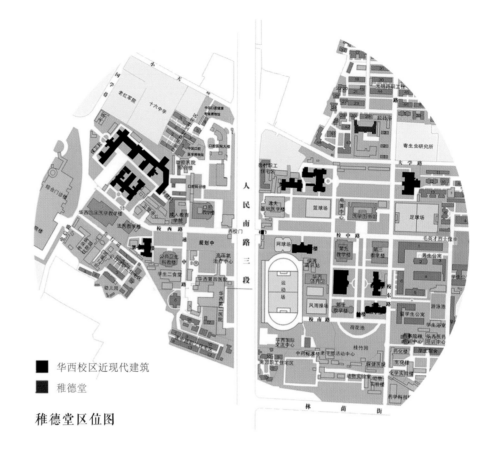

■ 华西校区近现代建筑
■ 稚德堂

稚德堂区位图

稚德堂后为华西幼儿园使用，拆除了八角亭以及洋房，楼前辟为小广场。著名历史学家、文学家缪钺先生任中文系教授兼中国文化研究所研究员时，也曾在稚德堂内开展科研教学活动。据缪钺回忆录记载："1952年冬，院系调整，迁居川大，久不得广益梅花消息。80年代中期，华西医大纪念校庆，邀我回校参加。我到旧日讲学的广益教学楼去看，高楼依然，而梅树荡尽，楼前草坪，摆了许多幼儿玩具，这里已经变成幼儿园了。我徘徊久之，不胜今昔之感，这也可以算是一次小小的人世沧桑吧。"

稚德堂严整庄重，比例和谐，古色古香，独具匠心。稚德堂历史悠久，又在战时承担了特殊的职能，留下了不少文人轶事，具有深厚的历史文化意义。

稚德堂侧楼

稚德堂山花

稚德堂屋顶神兽（一）

稚德堂屋顶神兽（二）

稚德堂全景图

◎ **稚德堂正立面水彩图**

比例 1:150

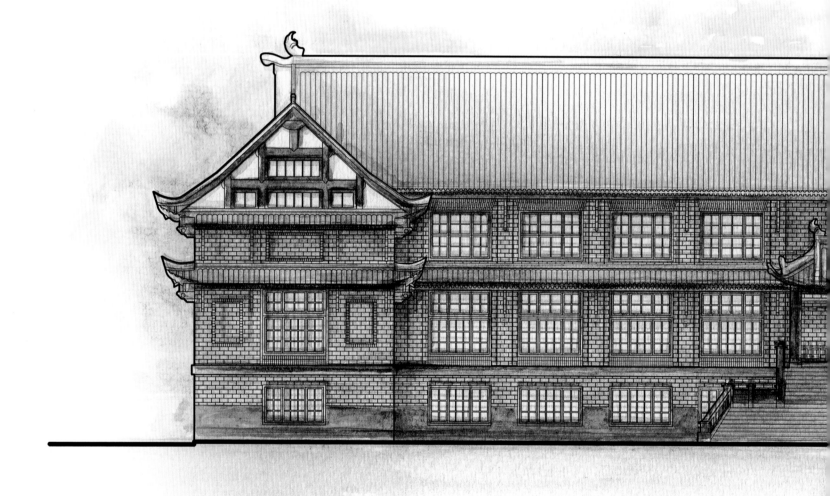

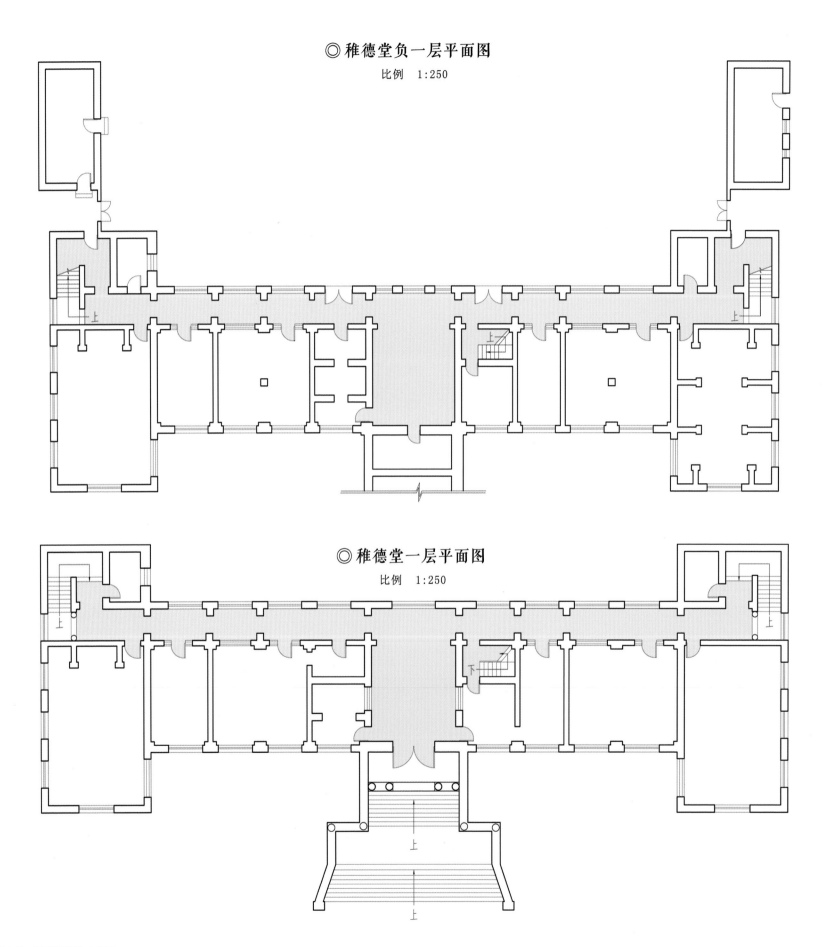

◎ 稚德堂负一层平面图

比例 1:250

◎ 稚德堂一层平面图

比例 1:250

◎ 稚德堂二层平面图

比例　1:250

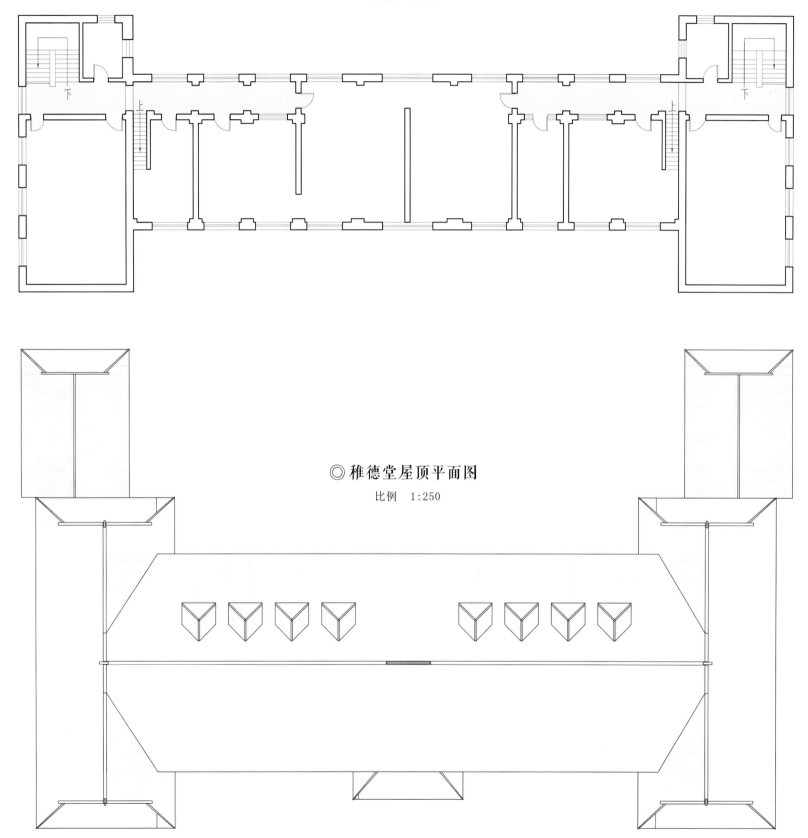

◎ 稚德堂屋顶平面图

比例　1:250

◎ 稚德堂背立面图

比例 1:150

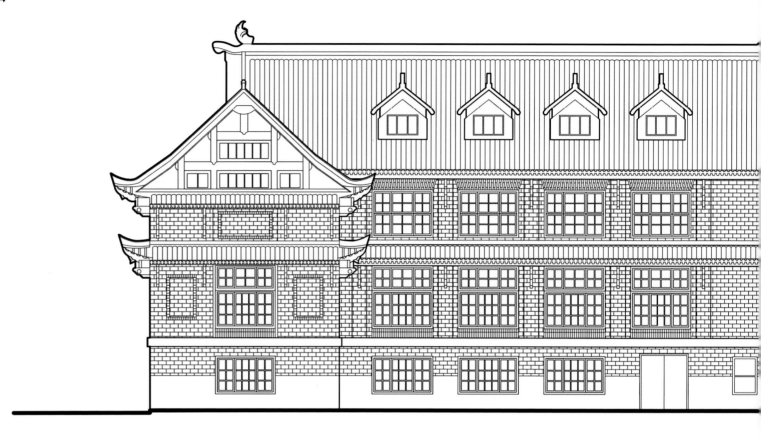

◎ 稚德堂侧立面图

比例 1:150

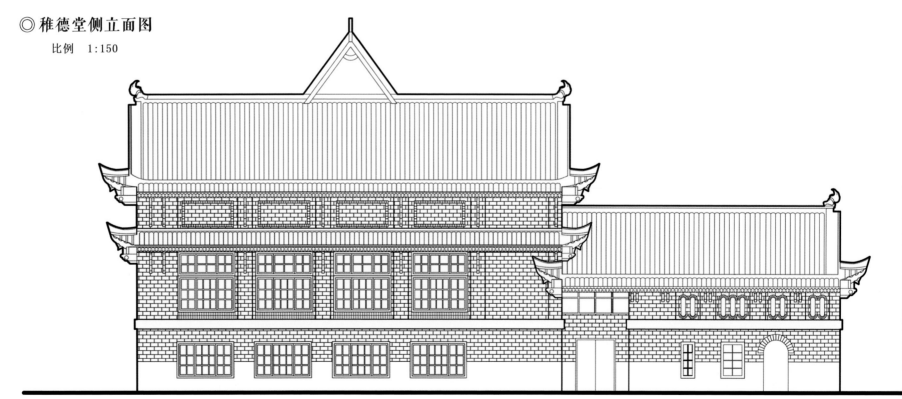

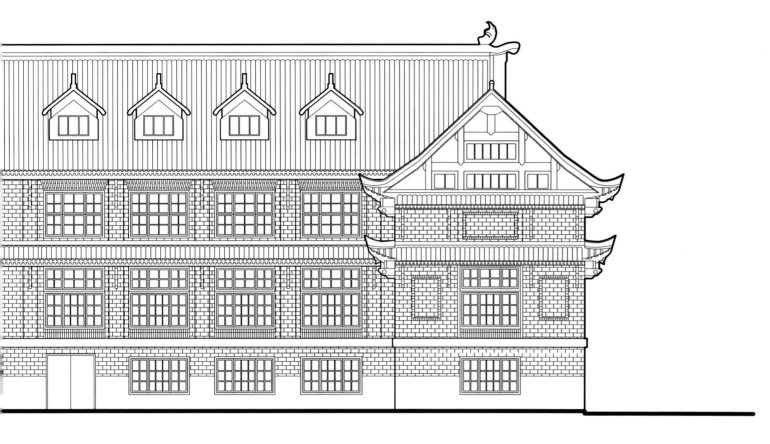

◎ **稚德堂剖面图**

比例　1:150

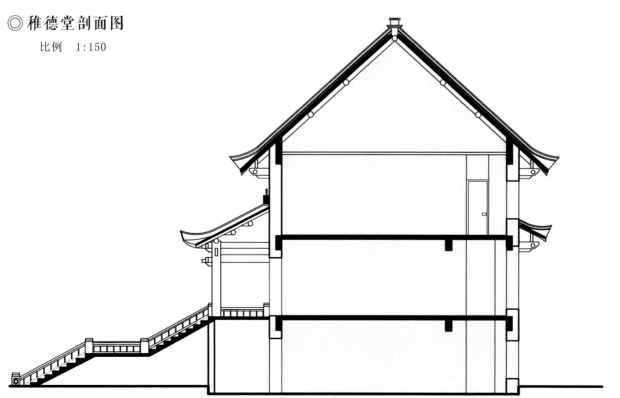

華西醫院

—— 华西校区 ——

华西医院建筑群

1942—1946年

行政楼、水塔楼、八角楼

四 川 大 学 近 现 代 建 筑

◎华西医院建筑群

四川大学华西医院建筑群前身为华西协合大学医院，是由行政楼、水塔楼和八角楼3部分组成的大型建筑群，位于四川大学华西校区西区，占地面积约80余亩。行政楼原为华西协合大学医院门诊部，正对位于国学巷的校门，与其相连的是水塔楼，而八角楼位于建筑群东南转角处。

1892年，加拿大人启尔德（O. L. Kilborn）在四圣祠街首开西医诊所——仁济医院，由于限收男病人，又称四圣祠仁济男医院，开启了华西医学百年篇章。继有美国人甘来德（H. L. Canright）在陕西街开办存仁医院。嗣后加拿大人启希贤（R. G. Kilborn）又在惜字宫南街创办仁济女医院，成为华西医学的重要源头之一。

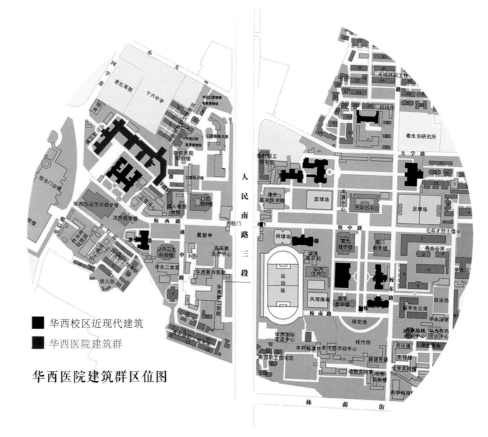

■ 华西校区近现代建筑
■ 华西医院建筑群

华西医院建筑群区位图

医药城堡旧照

华西医院建筑群入口

华西协合大学于1914年开设医科，1917年开设牙科，教会同意将仁济男医院、女医院作为学校的临床实习医院。为了适应医学教育的发展，华西协合大学于1924年开始筹备在校区附近建一所规模更大，可供医科、牙科生实习的医院，但是始终没能从土地所有者手中购买到用地，工程一拖再拖，最后校方决定在校园西北面买地，修建一所国内一流的大学医院，并开始筹措资金，等待时机。

1937年7月，抗日战争爆发，位于战区的许多大学纷纷西迁到华西协合大学。1938年7月，华西协合大学、中央大学医学院、齐鲁大学组建"三大学联合医院"，共设病床380张，由中央大学医学院院长戚寿南任总院长，医院制度仿照北平协和医院，仁济、存仁医院作为联合医院的临床实习医院。由于两所实习医院路途遥远且接纳能力有限，在华西坝建一所可供医科学生临床实习，也可对外开放、为社会服务的医院迫在眉睫。

在战争时期修建综合性医院十分不易，好在1936年华西协合大学就筹得中英庚款资助的75000元，并已经完成前期选址和辅助用房建设。1942年，在筹得洛克菲勒基金会、英国庚子赔款基金会、中国基金会、华西医科毕业同学及教会捐款后正式动工。1946年6月20日，作为当时技术最先进、功能最齐全、设备最完整的附属综合医院全面投入使用，并正式命名为"华西协合大学医院"，医院共有病床500张，平面采用分科布置形式，做到了功能分区完善合理、流线清晰互不干扰。

行政楼航拍图

水塔楼航拍图

八角楼航拍图

华西医院建筑群行政楼入口

华西医院建筑群整体布局较为自由，不拘泥于对称的形制，依据用地的边界，适当错开、扭转，极富动态。行政楼、八角楼、水塔楼3部分各具特色又相互统一，与华西坝建筑整体风格协调，遵循中西合璧之样式，青砖灰瓦，间以红柱、大红封檐板，清一色的大屋顶，富有中国特色。从空中俯视，各体量均衡，大气工整，屋面关系高低错落，井然有序，又间以小巧的细部构造于其中，增加了屋面灵动之感。水塔楼高耸的歇山屋顶水塔与八角楼的重檐攒尖塔楼兀立于水平展开的建筑群中，打破了水平方向的冗长与单调，成为整个建筑群的制高点和视觉焦点，创造了丰富的形体关系。两坡悬山上出老虎窗，又颇具西洋特色。

华西医院建筑群的3栋建筑一气呵成，规模宏大，相对华西坝其他建筑的精致细腻而言，又多了几分雄浑之感，更与华西校区第八教学楼（启德堂）合围形成庞大的医药城堡，蔚为壮观，为国家医药人才的培养奠定了坚实的基础。

华西医院建筑群体量组合

中式门厅

西式老虎窗

檐角屋脊

檐口细部构造

门厅侧立面

国学巷大门

华西医院建筑群行政楼

医院建筑群水塔楼

医院建筑群八角楼

华西医院建筑群行政楼入口

华西医院建筑群行政楼门厅

华西医院建筑群连接处

◎ 八角楼正立面水彩图

比例　1:200

◎ 华西医院建筑群底层平面图

比例 1:450

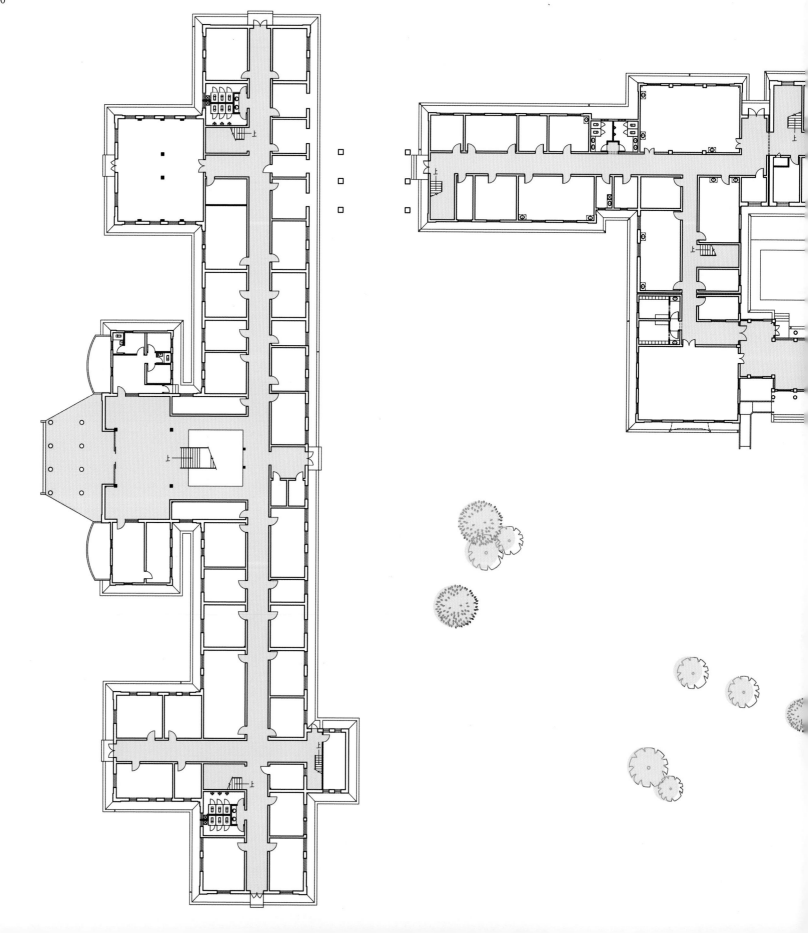

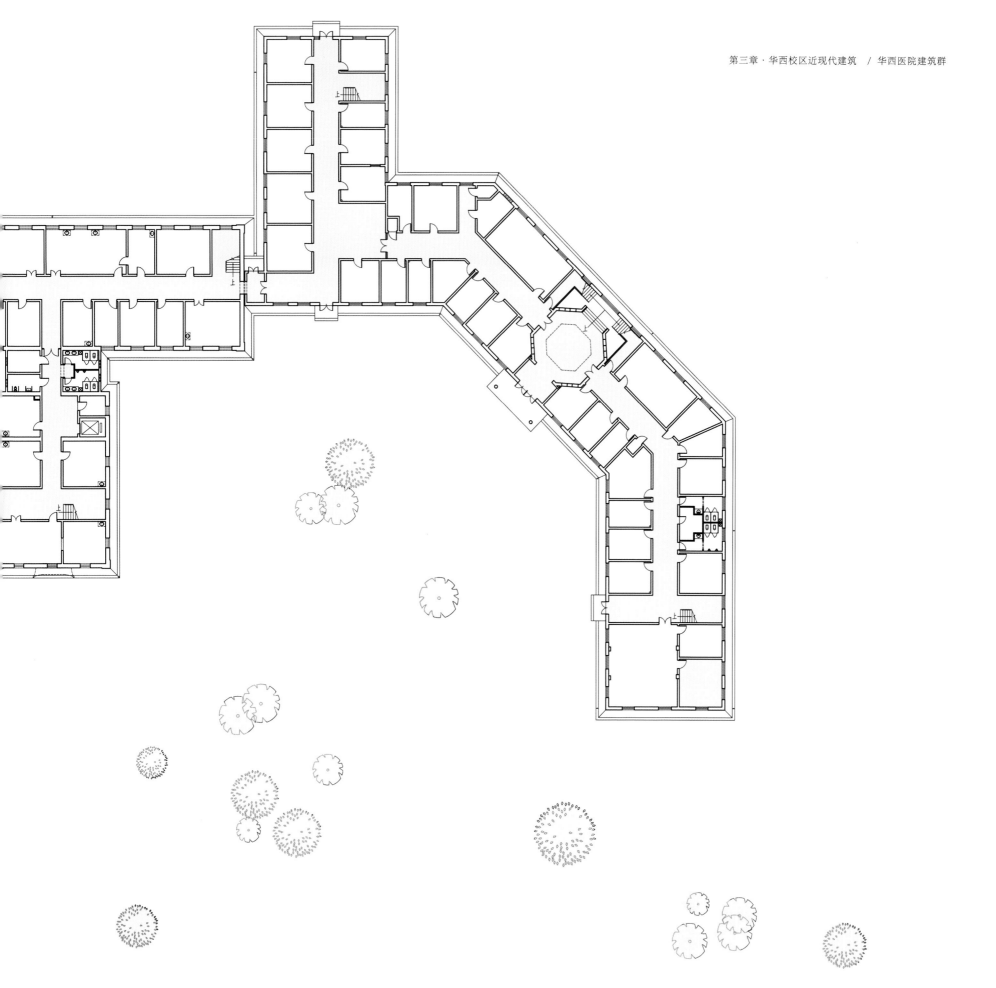

◎ 华西医院建筑群二层平面图

比例 1:450

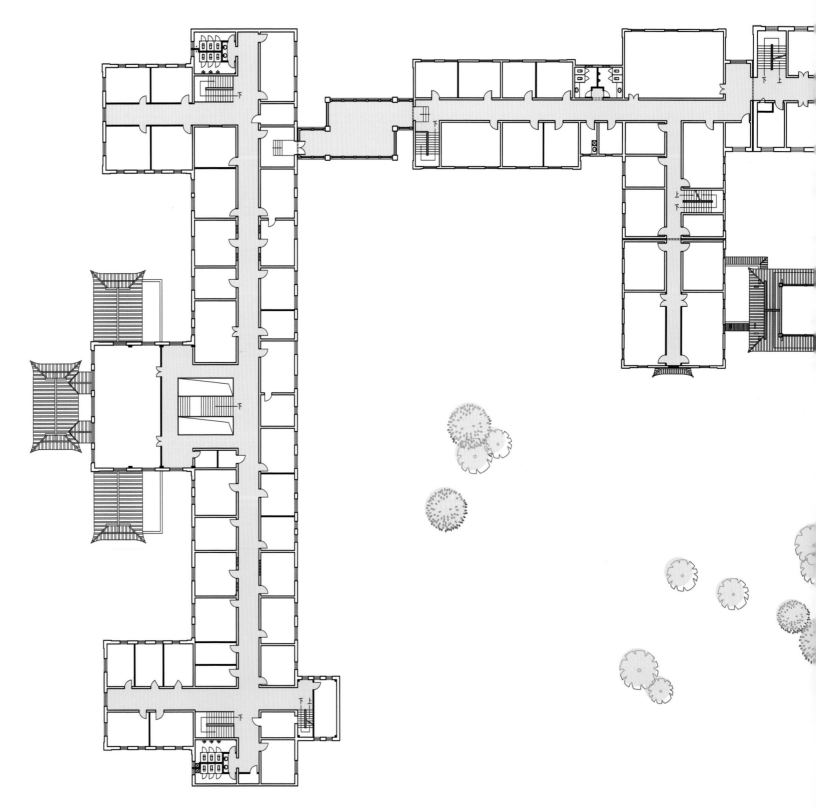

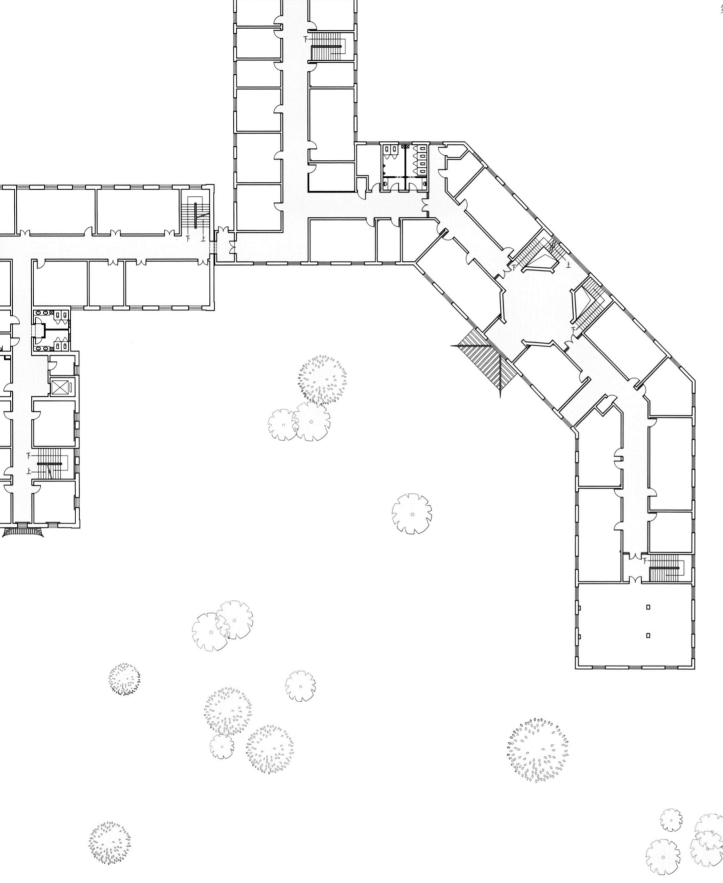

◎ 水塔楼正立面图

比例 1:250

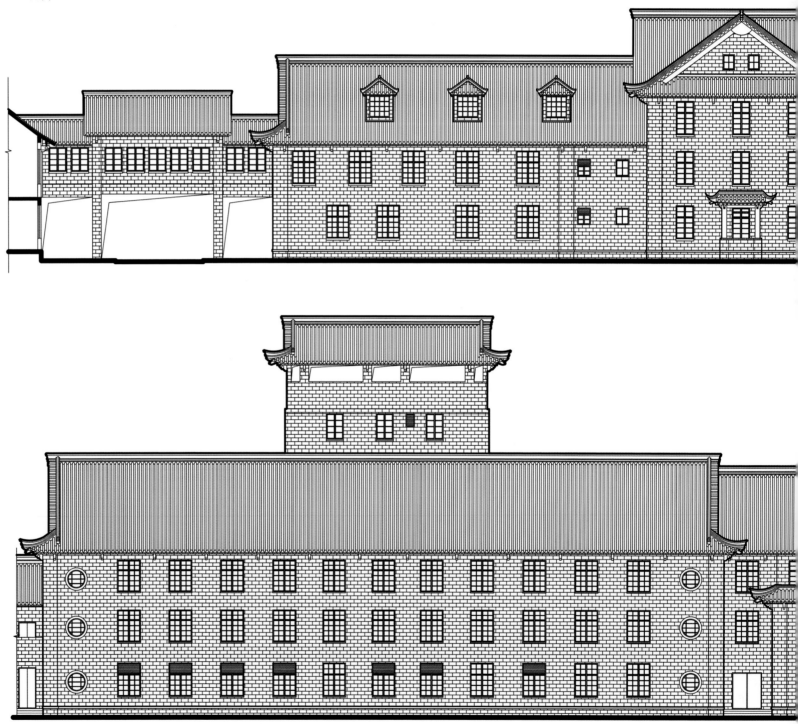

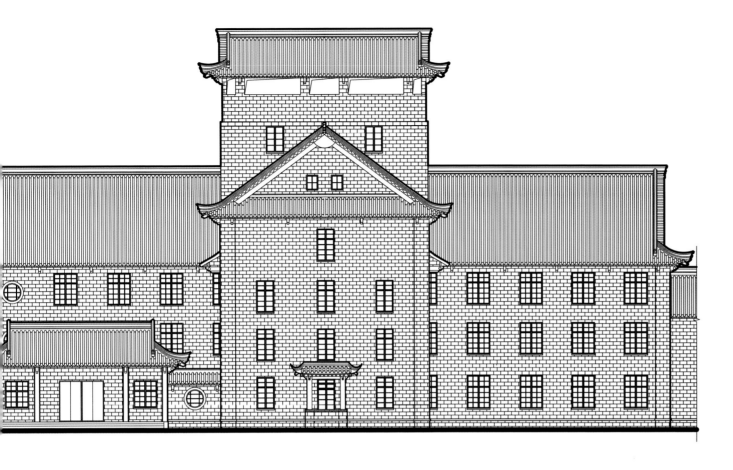

◎ 水塔楼背立面图

比例　1:250

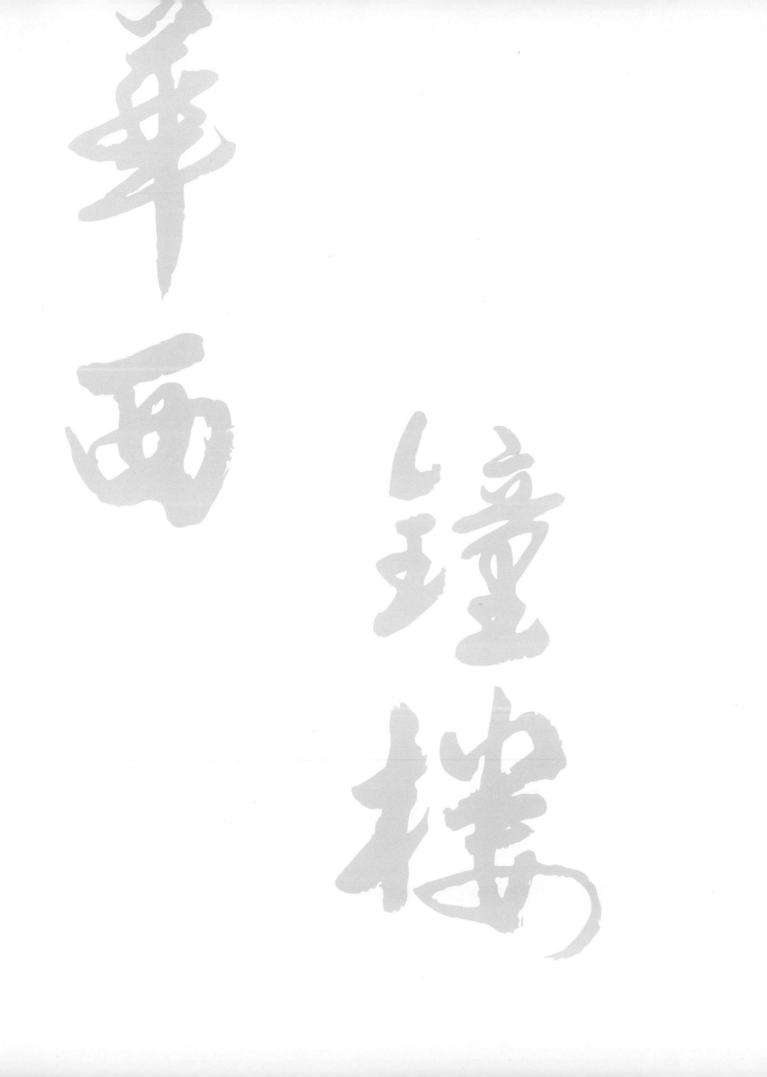

四 川 大 学 近 现 代 建 筑
HUA XI ZHONG LOU

華西鐘樓

—— 华西校区 ——

华西钟楼
始建于1925年
1953年改建

◎华西钟楼

华西钟楼，又称克里斯纪念楼，英文名为 The Coles Memorial Clock Tower，位于四川大学华西校区东区荷花池附近，是弗烈特·荣杜易规划的校区中轴线原点，也是华西校园内最著名的景观节点和老成都的地标建筑。

华西钟楼始建于1925年，1926年竣工，由美国纽约克里氏捐建。华西钟楼为塔楼式建筑，塔楼（gazebo）的名称源自荷兰语，是荷兰庭园中的装饰性建筑物。钟楼高24米，青砖墙体设有小窗，由于当时的时钟是美国铸钟，需要人工调控，这些小窗解决了室内楼梯的采光和通风问题。底层为拱券门洞，可贯穿钟楼。

早期的钟楼顶部为哥特风格的尖形亭台，1953年，四川省设计院设计师古平南对钟楼重新设计改建，将其改为中国北方古典官式建筑形象。钟楼顶层为四角形攒尖屋顶，青瓦飞檐，下层为十字脊歇山顶，垂脊、戗脊上均设有脊兽。屋顶的水法和檐口的起翘符合中国的传统比例和特征，更加具有中国礼制建筑型制。华西钟楼还采用了平坐的手法，四面均带有砌石雕栏和朱红花格窗棂的观景台，用枋子、铺板挑出，以利登临眺望，在古代建筑中，平坐在塔和大殿上运用得比较多，这类建筑往往是整个建筑群的标志物，因此充分反应华西钟楼在整个校园规划中的重要性和统领作用。

华西钟楼背倚月牙形的泮池，前靠人工开凿的河渠。河渠所在位置即为成都市的子午线，钟楼位于笔直细长的河渠端点，强调了轴线的视觉效果，突出了钟楼作为地标控图中心的作用，这种平面规划是典型的16世纪法国勒诺特式庭园风格。在河渠上点缀的两座中式石桥被誉为华西坝八景之一——"双桥烟雨"。最具中国特色的是钟楼后面长满荷花的半月形泮池，泮池本身为中国孔子文庙里的典型水池，与传统辟雍建筑规划密切相关。辟雍为古代的学宫，在建筑选址上是特别考究的。《韩诗外传》中辟雍"圆如璧，壅之水"，辟雍一律设在城郊以外，三面环水或者四面环水，使之与外界相对隔绝，可见华西校园规划对于中国传统文化的理解与运用。"钟楼映月"也被誉为华西坝八景之首。

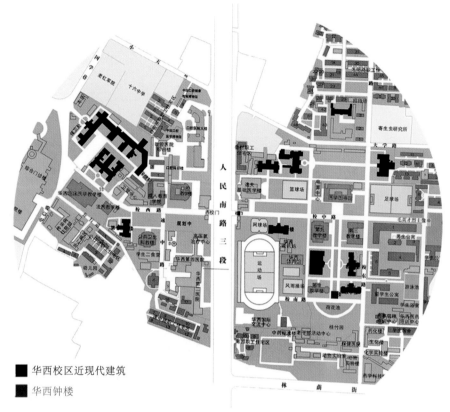

■ 华西校区近现代建筑

■ 华西钟楼

华西钟楼区位图

纵观华西协合大学校园的平面布置，钟楼—泮池—河渠构成的南北向纵轴线与校园主干道构成的东西向横轴线组合为一个巨大十字架，而纵轴线底端的怀德堂和懋德堂正好形成了这个十字架的底座，教会所弘扬的基督文化通过奇妙的建筑平面图案深深地嵌入了成都这座千年历史文化名城。

华西钟楼是成都现存的、唯一的机械式钟楼。钟楼上重锤式机械芯由美国梅尼利制钟公司于1924年专门为华西钟楼铸造，捐助人是 J. Ackermancoles。钟座上镌有铭文："为了纪念基督，我们的指引者和救世主。光荣属于至高无上的神和世界和平，人类明天更美好。"大钟的心脏由两部分组成，一部分是走时钟，用钟楼外面的四个钟面来显示时间；另一部分是鸣钟，用大锤敲击楼里的大钟来报时。

华西钟楼正立面

早年间，钟楼地处城南边，四周除了几栋校舍建筑外就是农田、农舍，钟声伴随着学生的琅琅读书声、田野里的家禽叫声，给人一种世外桃源的感觉。大钟声音洪亮，从南门外远播十几里之遥，可为成都全城报时，老成都人称其为"城南钟声"。钟楼悄然地将一个鸡鸣即晨的农耕城市带进了计时精确的近现代社会。

20世纪三四十年代，成都的竹枝词有这样一首：南北交汇一枝栖，神州陆沉意迷离。都人笼统称"五大"，起舞闻钟不用鸡。而这首竹枝词里的"五大"是指除华西协合大学外，抗日战争时期迁来成都华西坝的南京金陵大学、金陵女子文理学院、山东齐鲁大学和北平燕京大学，人称"五大学"。词的最后一句由成语"闻鸡起舞"改为"起舞闻钟"，恰到好处地点出了钟楼钟声的作用。

钟声也是基督教的文化符号之一，每逢圣诞节平安夜，成都的基督徒们围绕着钟楼，穿戴整齐地合唱赞美诗，翘首企望钟声敲响。时有成都华阳举人、华西协合大学的国学教授林山腴先生欣然为钟楼题联："念念密移，古今一瞬；隆隆者灭，天地孰长。"

华西钟楼从落成那天起就成为华西坝的标志性建筑，"城南钟声"可谓深入人心，在近百年的岁月里围绕钟楼发生了许多故事，积淀了深厚的文化内涵。

华西钟楼近景

华西钟楼小窗

华西钟楼老照片

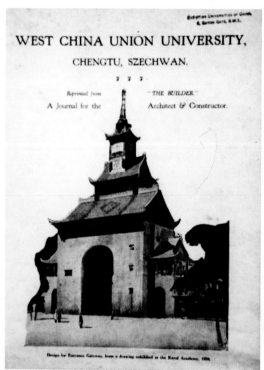

华西钟楼初始设计图

改造前的华西钟楼

华西钟楼正立面

华西钟楼全景图（一）

华西钟楼全景图（二）

华西钟楼底层拱券门洞

华西钟楼平坐层

华西钟楼青砖墙体

华西钟楼十字脊歇山顶

华西钟楼挑梁

华西钟楼木门

◎华西钟楼正立面水彩图

比例 1:100

◎华西钟楼背立面水彩图

比例 1:100

◎ 华西钟楼左立面水彩图

比例 1:100

◎ 华西钟楼右立面水彩图

比例 1:100

華西老校門

—— 华西校区 ——

华西老校门
始建于1910年
重建于2010年

四 川 大 学 近 现 代 建 筑

◎华西老校门

华西老校门始建于1910年前后，位于锦江河边，是华西坝上最早修建的一批建筑。老校门于1954年4月被拆毁，在校方的努力下，通过查阅历史资料及搜集档案旧照，2010年华西医学百年暨合校十年庆典前，迁址四川大学华西校区人民南路主入口的华西老校门，按原样复建完成。

华西老校门为三层中西合璧式牌坊门楼，门楼成"品"字形，青砖黑瓦，正中为一个圆拱门洞，檐下正面及背面均镶嵌红砂石石碑（原始校门为青石石碑），为中英文两块校名石牌，石碑成正方形，长1.25米，宽1.2米。中文石牌上镌刻中文校名和建校时间"华西协合大学1910"，英文石牌上镌刻英文校名和建校时间"West China Union University A. D.1910"。中文碑面朝锦江，而英文碑则面对校园，中英文校牌并存，反映了华西协合大学的教会大学背景。门楼上可见中式檐口、文兽、宝顶等，而错层的青砖分布、叠涩线脚又是典型的西式风格。

1920年前后，学校在大学路（即怀德堂左侧）新建校门，老校门逐渐荒废。老校门被拆毁后，两块石碑也不知去向。1996年3月28日，英文石牌在府南河施工现场被发现，碑身为紫砂色，由质地优良的青石雕刻而成，重约800斤。石碑发掘现场位于锦江河畔邻近大学路幼儿园的小路上，离老校门旧址约50米。后经核实确为华西协合大学的英文校牌，石碑完璧归赵。

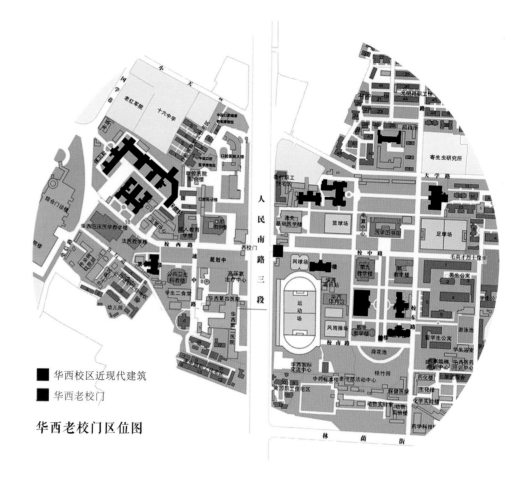

■ 华西校区近现代建筑
■ 华西老校门

华西老校门区位图

华西老校门正立面

华西老校门旧照

在华西坝建筑群大部分都保存较为完好的情况下，作为大学标志性建筑的老校门却遭拆毁，这令人遗憾又不解。为了解开这个谜团，校方进行了一项关于华西老校门的调查工作。调查者走访了在校的二十多位熟悉历史的老华西人，最终将老校门拆毁的时间确定为1954年4月。

对失而复得的英文校牌石碑，学校倍加珍惜，将其展览于华西老图书馆（懋德堂）门前，并专门设计用有机玻璃罩加以保护。2006年，位于四川大学望江校区东区的四川大学校史展览馆正式开馆，这块华西老校门英文校牌石碑最终落户新馆，成为镇馆之宝。可惜的是，虽英文校牌失而复得，但中文校牌至今仍不知所踪。

华西老校门见证了华西协合大学的成长发展，陪伴莘莘学子走过了风雨历程，见证了大学的光荣与梦想，它不仅是华西百年发展历史和中西文化融合的直接见证，也是"欧亚交通文轨新同"的华西精神文化的重要体现。

华西协合大学英文校名石牌

华西老校门侧面

华西老校门细部构造

华西老校门脊饰

华西老校门中文校名石牌

华西老校门全景图

◎华西老校门正立面水彩图

比例 1:50

华西老校门背立面水彩图

比例　1:50

◎ 华西老校门侧立面水彩图

比例　1:50

后记

我们从 2012 年便开始了《四川大学近现代建筑》一书的编写准备工作。对每一栋建筑的历史背景查漏补缺，文献资料逐一排查，搜集整理设计原稿、手绘图纸，调研测绘建筑本体，并聘请专业人士进行拍照，将所有成果资料整合排版，最终于 2016 年四川大学 120 周年校庆前夕顺利完成出版。

本书第一章，以文字和图片的方式，主要从历史背景角度述说四川大学以及其近现代建筑的起源发展；第二章以及第三章分别完整呈现四川大学华西校区和望江校区的优秀近现代建筑，力求对每栋建筑进行细致准确的介绍和分析，历史沿革部分参考了本地地方史志、民俗以及相关研究论文。

《四川大学近现代建筑》的成功出版得益于四川大学乃至社会各界人士的鼎力支持。感谢四川大学以及四川大学建筑与环境学院提供了相应的平台，并对书籍的撰写给予具体指导；在书籍撰写前期，资料整合以及文献、照片搜集过程中，四川大学档案馆、国资处以及校庆办公室提供了珍贵的文物资料，充实了本书内容；在对每一栋历史建筑进行走访调研、实地测绘过程中，相关学科部门和各个学院均给予了通行便利及支持；在书籍的撰写过程中，四川大学建筑与环境学院的同学云集响应，为本书的图纸校对、文字梳理、水彩渲染等做出贡献。孙锴悦、丁麒瑞、潮书铺、储潇、赵紫彬、顾瑶、勾昭元、赵雪分别对建筑进行了测绘；胡畔、陈婉晴、赵翔宇、雷悦、谭晶、张成、叶舜绘制了建筑立面水彩渲染；本书籍排版工作由沈香川完成；在书籍照片拍摄以及后期处理中，四川省影联文化传播有限公司给予了大力支持，建筑现状照片由张磊、杨垚燚、卢丽洋拍摄。

由于作者学识水平、文字表述能力有限，本书在诸多方面有着不尽如人意的地方，恳请读者与广大同仁指出。最后，向关心和支持本书籍编写工作的领导、老师、同仁及有关人士表示真诚的谢意。

参考文献

[1] 南京工学院建筑研究所.杨廷宝建筑设计作品集 [M].北京:中国建筑工业出版社,1983.

[2] 杨秉德.中国近代中西建筑文化交融史 [M].武汉:湖北教育出版社,2003.

[3] 孙音.成都近代教育建筑研究 [D].重庆:重庆大学,2003.

[4] 董黎,杨文滢.从折衷主义到复古主义——近代中国教会大学建筑形态的演变 [J].华中建筑,2005,23(4):160-162.

[5] 张丽萍.华西坝建筑群与成都城市的近代化 [J].文史杂志,2001(5):40-43.

[6] 王跃,雷文景.华西坝老建筑——中西文化交融的结晶 [J].Sichuan Dang De Jianshe:chengshi Ban,2007(4):60-61.

[7] 李晶晶.华西协合大学近代建筑研究 [D].泉州:华侨大学,2012.

[8] 黄茂,曾瑞炎.论抗战时期医学高校的迁川 [J].抗口战争研究,2005(1):34-55.

[9] 雷文景.懋德堂,成都第一座现代博物馆的往事见证 [J].西部广播电视,2008(4):54-57.

[10] 谢文博.中国近代教会大学校园及建筑遗产研究 [D].长沙:湖南大学,2008.

[11] 杨秉德.早期西方建筑对中国近代建筑产生影响的三条渠道 [J].华中建筑,2005,23(1):159-163.

[12] 彭南生,张杰.近代城市手工业形态及经营方式——以近代成都手工业为例 [J].江苏社会科学,2015(5):197-205.

责任编辑：段悟吾
责任校对：唐　飞
封面设计：四川省影联文化传播有限公司
责任编制：王　炜

图书在版编目（CIP）数据

四川大学近现代建筑/李沄璋，张磊，卢丽洋编著.
—成都：四川大学出版社，2016.8
ISBN 978—7—5614—9870—5

Ⅰ.①四…　Ⅱ.①李…　②张…　③卢…　Ⅲ.①四川大
学—教育建筑—介绍—近现代　Ⅳ.①TU244.3
中国版本图书馆CIP数据核字（2016）第214509号

书　名	四川大学近现代建筑

SICHUANDAXUE JINXIANDAI JIANZHU

编　著	李沄璋　张　磊　卢丽洋
出　版	四川大学出版社
地　址	成都市一环路南一段24号（610065）
发　行	四川大学出版社
书　号	ISBN 978—7—5614—9870—5
印　刷	成都市金雅迪彩色印刷有限公司
成品尺寸	285mm×285mm
印　张	25
字　数	552千字
版　次	2016年9月第1版
印　次	2016年9月第1次印刷
定　价	200.00元

◆读者邮购本书，请与本社发行科联系。
电话：（028）85408408/（028）85401670/
（028）85408023　邮政编码：610065
◆本社图书如有印装质量问题，请
　寄回出版社调换。
◆网址：http://www.scupress.net